高等职业教育工业机器人技术专业规划教材

工业机器人（KUKA）操作与编程项目化教程

主　编　唐翠微　蒲东清

副主编　翟彦飞　黄　超　刘　雷　李东金　龚应育

主　审　杨　明

中国水利水电出版社

www.waterpub.com.cn

·北京·

内 容 提 要

本书为校企联合开发教材，围绕 KUKA 机器人，通过项目实施独立完成机器人的基本操作，使学生具备根据实际应用进行基本编程的能力。

本书共十八个项目，分别包含在机器人概论、机器人运动、机器人运动编程、机器人投入运行、基础运用编程五个单元中，主要内容有：机器人安全常识、机器人控制柜、SmartPAD 认识、机器人轴运动、机器人在坐标系中运动、程序文件的使用和执行、创建基本运动指令、工具坐标系与基坐标系建立、数据备份与还原、联机表单逻辑指令创建、循环结构编程、分支结构编程、顺序结构编程等。本书理实一体，使读者对 KUKA 机器人从软件、硬件方面都有一个全面的认识。

本书适用于高职高专工业机器人技术、机电一体化技术等专业的学生，以及从事 KUKA 机器人应用的操作与编程人员，特别是刚接触机器人的工程技术人员。

图书在版编目（CIP）数据

工业机器人（KUKA）操作与编程项目化教程 / 唐翠微，蒲东清主编. -- 北京 : 中国水利水电出版社，2021.9

高等职业教育工业机器人技术专业规划教材

ISBN 978-7-5170-9971-0

Ⅰ. ①工… Ⅱ. ①唐… ②蒲… Ⅲ. ①工业机器人－操作－高等职业教育－教材②工业机器人－程序设计－高等职业教育－教材 Ⅳ. ①TP242.2

中国版本图书馆CIP数据核字(2021)第188942号

策划编辑：寇文杰　责任编辑：高辉　加工编辑：赵佳琦　封面设计：梁　燕

书　　名	高等职业教育工业机器人技术专业规划教材 工业机器人（KUKA）操作与编程项目化教程 GONGYE JIQIREN (KUKA) CAOZUO YU BIANCHENG XIANGMUHUA JIAOCHENG
作　　者	主　编　唐翠微　蒲东清 副主编　翟彦飞　黄　超　刘　雷　李东金　龚应育 主　审　杨　明
出版发行	中国水利水电出版社 （北京市海淀区玉渊潭南路 1 号 D 座　100038） 网址：www.waterpub.com.cn E-mail：mchannel@263.net（万水） sales@waterpub.com.cn 电话：（010）68367658（营销中心）、82562819（万水）
经　　售	全国各地新华书店和相关出版物销售网点
排　　版	北京万水电子信息有限公司
印　　刷	三河市鑫金马印装有限公司
规　　格	184mm×260mm　16 开本　9.5 印张　237 千字
版　　次	2021 年 9 月第 1 版　2021 年 9 月第 1 次印刷
印　　数	0001—3000 册
定　　价	29.00 元

编委会

前　　言

随着“工业 4.0”“中国制造 2025”战略的实施，以工业机器人为标志的智能制造在各行业的广泛应用，相关专业应用型人才需求旺盛。为响应产业转型升级对人才培养提出的新要求，本书面向高职高专工业机器人技术、机电一体化技术等专业，以 KUKA 工业机器人基础编程（入门）标准为依据，在撰写过程中突出以下特点：

（1）从人才培养目标、生产一线岗位需求出发，优化课程结构，精选内容，以项目为载体，以任务为导向，保证学生学习内容适应岗位要求。

（2）以能力培养为主线，本教材分 5 个单元 18 个项目，将 1+X 工业机器人应用编程技能考核要求融入项目内容，对课程的内容进行有效整合，通过单元重点、学习目标、项目分析、任务分析、知识点讲解以及项目测试等环节，提高学生对所学知识的应用能力。

（3）注重与后续“机器人安装与调试”“电气控制及 PLC”“机器人高级编程”等课程的衔接，避免内容重复或断层。

（4）每个单元都配有大量教学视频资源，学生通过扫描书中的二维码即可观看学习，利于深度、碎片化掌握各单元知识。

本书由从事工业机器人教学工作的一线教师，以及有丰富工业机器人应用研究工作经历的工程师校企联合编写。雅安职业技术学院唐翠微、四川拓格机器人科技有限公司蒲东清任主编，雅安职业技术学院翟彦飞、龚应育，四川拓格机器人科技有限公司黄超、刘雷、李东金任副主编，四川拓格机器人科技有限公司杨明任主审。在编写过程中，编者得到工业机器人生产厂家、企业支持，为教材的编写提供了不可多得的素材，在此表示衷心感谢。

由于时间仓促及编者水平有限，书中难免有不足之处，恳请读者和业内人士提出宝贵意见和建议。

编　者

2021 年 6 月

目　　录

第四单元　机器人投入运行

第五单元　基础运用编程

第一单元　机器人概论

【单元重点】

- 介绍工业机器人的定义与分类。
- 认识 KUKA 机器人及常用型号。
- 介绍 KUKA 机器人控制柜。
- 学习安全操作规程。

【学习目标】

- 熟悉工业机器人的定义。
- 掌握工业机器人的分类方式。
- 掌握工业机器人的三大部分和六大系统组成。
- 掌握工业机器人的主要技术参数。
- 熟悉 KUKA 机器人常用型号。
- 了解 KUKA 机器人控制柜分类及主要参数。
- 熟悉 KUKA 机器人控制柜内部结构。
- 掌握 KUKA 机器人控制柜组成结构的功能和作用。
- 了解 KUKA 机器人控制柜的作用。
- 掌握工业机器人安全术语及相关注意事项。
- 掌握工业机器人防护装置及功能。
- 掌握工业机器人操作规程。

项目一　认识工业机器人

【项目分析】

本项目带领大家了解工业机器人的定义与分类，初步认识工业机器人的组成系统及系统之间的相互联系，掌握工业机器人的主要技术参数及应用领域，为机器人选型奠定基础。

任务一　熟悉工业机器人的定义与分类

介绍工业机器人的定义与分类

【任务分析】

通过本任务的学习，首先了解机器人在工业发展中总结出来的定义，让我们从各国的定义来理解机器人，并且对机器人的分类有明确认知。

（一）工业机器人的定义

现代机器人的应用领域众多、发展速度较快，工业机器人是机器人家族中的重要一员，也是目前在技术上发展最成熟、应用最多的一类机器人。世界各国对工业机器人的定义不尽相同。

美国工业机器人协会对工业机器人的定义：是设计用来搬运物料、部件、工具或专门装置的可重复编程的多功能操作器，并可通过改变程序的方法来完成各种不同任务。

日本工业机器人协会对工业机器人的定义：是一种装备有记忆装置和末端执行器的，能够转动并通过自动完成各种移动来代替人类劳动的通用机器。

德国工程师协会对工业机器人的定义：是具有多自由度的、能进行各种动作的自动机器，它的动作是可以顺序控制的，轴的关节角度或轨迹可以不靠机械调节，而由程序或传感器加以控制。工业机器人具有执行器、工具及制造用的辅助工具，可以完成材料搬运和制造等操作。

国际标准化组织（ISO）对工业机器人的定义：是一种能自动控制、可重复编程、多功能、多自由度的操作机，能搬运材料、工件或操持工具，来完成各种作业。

目前我国国家标准《机器人与机器人装备　词汇》（GB/T 12643－2013）对工业机器人的定义也采用了ISO所下定义。

（二）工业机器人的分类

关于工业机器人分类的方式有很多，可按技术等级、结构坐标系、几何结构、应用领域等划分，这里主要介绍以下几种分类方式。

1. 按技术等级划分

（1）第一代工业机器人，又称示教再现机器人，能够按照人类预先示教的轨迹、行为、顺序和速度重复作业，示教可由操作员手把手进行或通过示教器完成，无论外界环境怎样改变，都不会改变动作。

（2）第二代工业机器人，又称感知机器人，具有环境感知装置，能在一定程度上适应环境的变化，目前已经进入应用阶段。

（3）第三代工业机器人，又称智能机器人，具有发现问题及自主解决问题的能力，它是利用各种传感器、测量器等来获取环境信息，然后利用智能技术进行识别、理解、推理，最后作出规划决策，能自主行动实现预定目标的高级机器人，目前尚处于实验研究阶段。

2. 按结构坐标系划分

（1）直角坐标型机器人。具有空间上相互垂直的多个直线移动轴，通过直角坐标 x、y、z 方向的 3 个独立自由度确定其手部的空间位置，其动作空间为一长方体，如图 1.1 所示。

图 1.1　直角坐标型机器人

表 1.1　直角坐标型机器人的优缺点

优点	容易求解空间轨迹，容易实现控制，容易达到高定位精度
缺点	本体占空间体积大，工作空间小，操作灵活性差

（2）圆柱坐标型机器人。主要由旋转基座、垂直移动和水平移动轴构成，具有一个回转和两个平移自由度，其动作空间呈圆柱形，如图 1.2 所示。

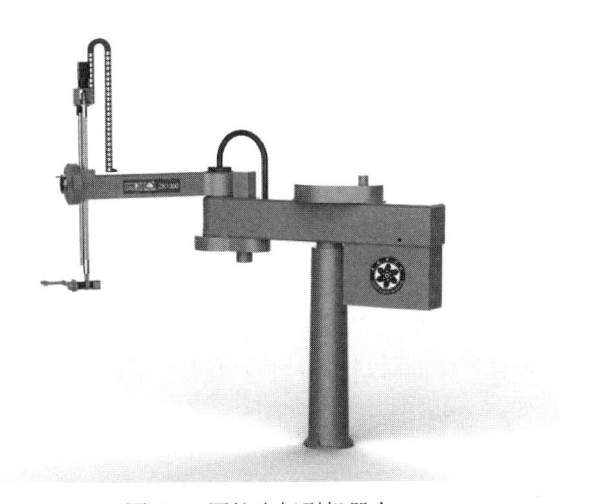

图 1.2　圆柱坐标型机器人

表 1.2 圆柱坐标型机器人的优缺点

优点	运动学模型简单，可获得较高的速度，可输出较大的动力，能够伸入型腔式机器内部，本体所占空间体积比直角坐标式要小
缺点	可以到达的空间受到限制，末端操作器离立柱轴心越远、精度越低，手臂后端会碰到工作范围内的其他物体

（3）球坐标型机器人，又称极坐标型机器人。球坐标型机器人空间位置分别由旋转、摆动和平移三个自由度确定，动作空间形成球面的一部分。α、θ、β 为坐标系的坐标，其中 θ 是绕手臂支撑底座垂直的转动角，β 是手臂在铅垂面内的摆动角。这种机器人运动所形成的轨迹表面是半球面，如图 1.3 所示。

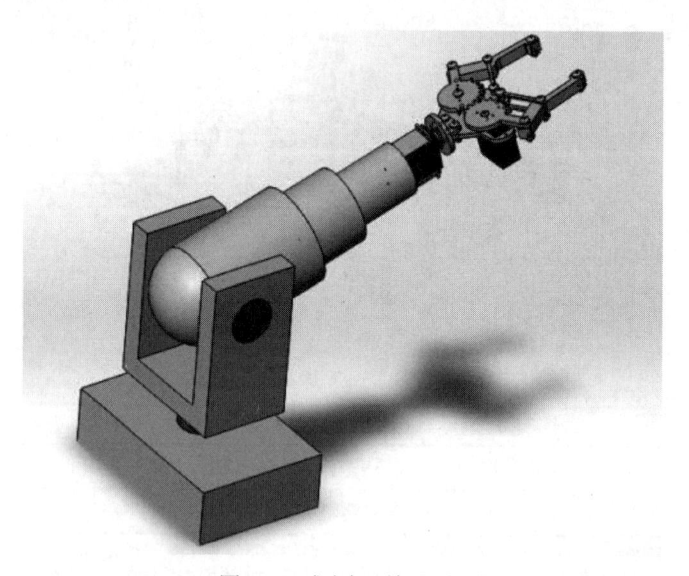

图 1.3 球坐标型机器人

表 1.3 球坐标型机器人的优缺点

优点	本体所占空间体积小，机构紧凑，中心支架附近的工作范围大，伸缩关节的线位移恒定
缺点	轨迹求解较难，难于控制，且转动关节在末端执行器上的线位移分辨率是一个变量

（4）关节坐标型机器人。模拟人手臂功能，由垂直于地面的腰部旋转轴、带动小臂旋转的肘部旋转轴以及小臂前端的手腕等组成，手腕通常有 2～3 个自由度，其动作空间近似一个球体。它是以其各相邻运动部件之间的相对角位移作为坐标系的。θ、α、 ϕ 为坐标系的坐标，其中 θ 是绕底座铅垂轴的转角，ϕ 是过底座的水平线与第一臂之间的夹角，α 是第二臂相对于第一臂的转角。这种机器人手臂可以到达球形体积内绝大部分位置，所能到达区域的形状取决于两个臂的长度比例，如图 1.4 所示。

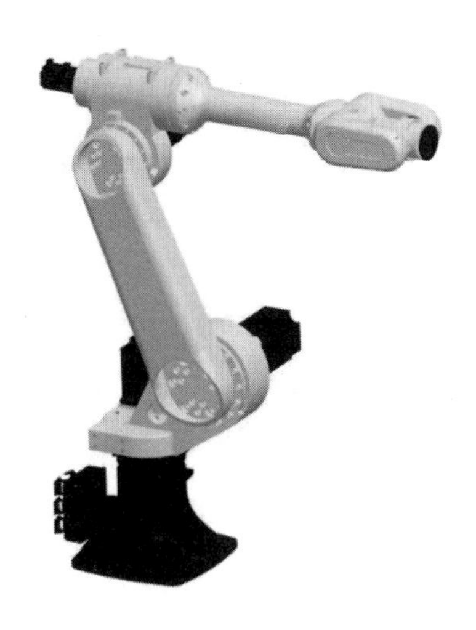

图 1.4　关节坐标型机器人

表 1.4　关节坐标型机器人的优缺点

优点	结构紧凑、工作范围广且占用空间小、动作灵活、具有很高的可达性
缺点	运动学模型复杂、高精度控制难度大

（5）平面关节型机器人。在结构上具有串联配置的两个能够在水平面内旋转的手臂，自由度可依据用途选择 2～4 个，动作空间为一圆柱体，如图 1.5 所示。

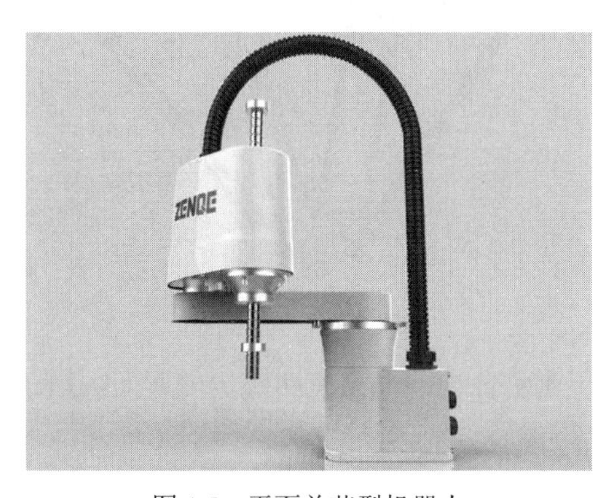

图 1.5　平面关节型机器人

表 1.5　平面关节型机器人的优缺点

优点	结构复杂性较小，在水平方向有顺应性，具有速度快、精度高、柔性好等特点
缺点	在垂直方向则具有很大的刚性

3. 按几何结构划分

（1）串联机器人。串联机器人是开式运动链，它是由一系列连杆通过转动关节或移动关节串联而成。关节由驱动器驱动，关节的相对运动导致连杆的运动，使手爪到达一定的位姿，如图 1.6 所示。

图 1.6　串联机器人

串联机器人的特点：需要减速器；驱动功率不同，电机型号不一；电机位于运动构建，惯量大；正解简单，逆解复杂。

（2）并联机器人。并联机器人是指动平台和定平台，通过至少两个独立的运动链相连接，机构具有两个或者两个以上的自由度，并以并联方式驱动的一种闭环机构，如图 1.7 所示。

图 1.7　并联机器人

并联机器人的特点：无需减速器，成本比较低；所有的驱动功率相同、易于产品化；电机位于机架，惯量小；逆解简单，易于实时控制。

4. 按应用领域划分

按机器人的应用领域可分为搬运、码垛、装配、喷涂、打磨、焊接等机器人。

（1）搬运机器人：广泛应用于机床上下料、冲压机自动化生产线、自动装配流水线、码垛搬运、集装箱等的自动搬运。

（2）码垛机器人：广泛应用于化工、饮料、食品、啤酒、塑料等生产企业，对纸箱、啤酒箱、袋装、罐装、瓶装等各种形状的包装成品都适用。

（3）装配机器人：广泛应用于各种电器的制造行业及流水线产品的组装作业，具有高效、精确和不间断工作的特点。

（4）喷涂机器人：广泛应用于汽车及其零配件、铁路、家电、建材、机械等行业。

（5）打磨机器人：广泛应用于汽车铸件、建材、造船、金属零件表面处理等行业。

（6）焊接机器人：广泛应用于汽车装配、金属建材、机械等行业。

任务二 认识 KUKA 机器人

认识 KUKA 机器人

【任务分析】

本任务主要了解 KUKA 机器人，以 KUKA 机器人发展历史和实际运用展现机器人在生活中的重要性。不同机器人工作任务是不一样的，所以本任务也介绍了不同型号的机器人。

（一）KUKA 机器人简介

库卡（KUKA）机器人公司成立于 1898 年，总部设在德国奥格斯堡，是机器人领域的世界顶尖制造商，产品应用范围包括点焊、弧焊、码跺、喷涂、浇铸、装配、搬运、包装、注塑、激光加工、检测、水切割等各种自动化作业，其客户有奔驰、宝马、保时捷、奥迪、通用、福特汽车、大众、波音、西门子、宜家、沃尔玛、雀巢、百威啤酒、百事可乐、可口可乐、宝洁等众多世界著名企业。库卡（KUKA）机器人公司拥有百年历史、雄厚的技术研发实力和一流的技术服务，在机器人行业处于遥遥领先的地位。

1. KUKA 机器人独一无二的亮点

（1）3D 鼠标：来自欧洲太空研究实验室的发明，操作员可单手同时移动机器人的 6 个轴，机器人犹如操作员手臂的延伸，实现人机一体化。

（2）电子零点校正器：实现 5 分钟内迅速找回零点复位、校正机器人，实现生产效率最大化。

（3）机器人种类最多：目前 KUKA 机器人种类多达 280 种，持重能力从 3kg 到 1300kg，为机器人行业之首。

2. KUKA 机器人系统组成

主要由控制柜、机器人本体、示教器三部分组成，如图 1.8 所示。

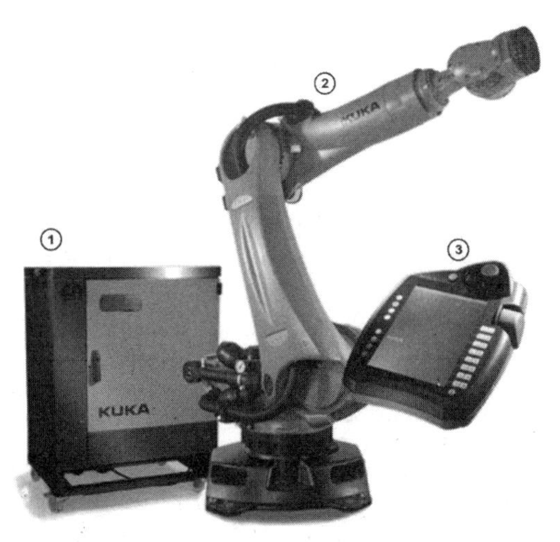

①控制柜；②机器人本体；③示教器

图 1.8 KUKA 机器人系统组成部分

所有不包括在工业机器人系统内的设备被称为外围设备，它们是：工具（效应器/Tool）、保护装置、皮带输送机、传感器等。

3. 工业机器人的基本组成

工业机器人的基本组成结构是实现机器人功能的基础，下面一起来看一下工业机器人的基本组成。现代工业机器人大部分都是由三大部分和六大系统组成的。组成部分与组成系统之间的相互关系如图 1.9 所示。

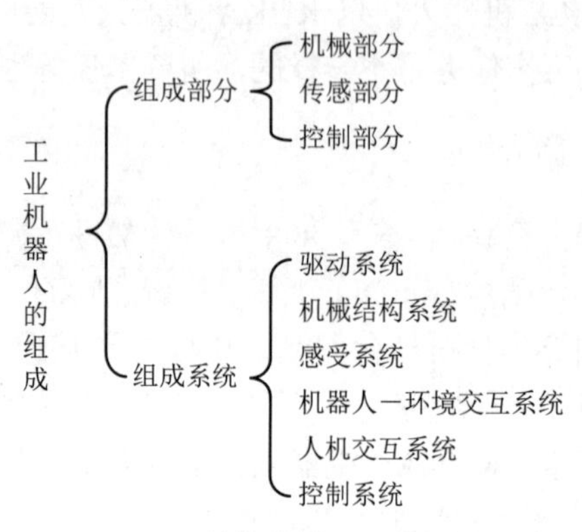

（a）思维导图

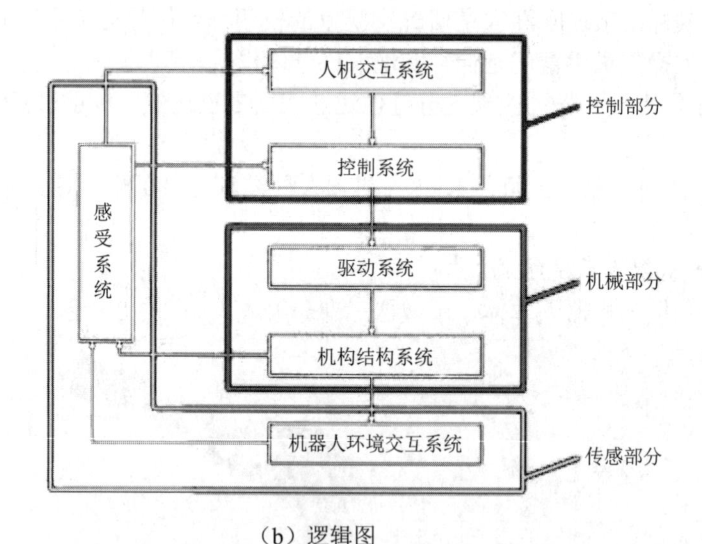

（b）逻辑图

图 1.9 组成部分与组成系统之间的相互关系

（1）机械部分。机械部分是机器人的血肉组成部分，也就是我们常说的机器人本体部分。这部分主要可以分为两个系统。

1）驱动系统。要使机器人运行起来，需要给各个关节即每个运动自由度安装传动装置，这就是驱动系统。它的作用是提供机器人各部分、各关节动作的原动力。驱动系统的传动部分可以是液压传动系统、电动传动系统、气动传动系统，或者是几种系统结合起来的综合传动系统。传动系统可以是直接驱动或者通过同步带、链条、轮系、谐波齿轮等机械传动机构进行间接驱动。

2）机械结构系统。工业机器人机械结构主要由四大部分构成：机身、臂部、腕部和手部。每一个部分具有若干的自由度，构成一个多自由的机械系统。若机身具备行走机构，则构成行走机器人；若机身不具备行走及腰转机构，则构成单机器人臂。手臂一般由大臂、小臂和手腕组成。末端操作器是直接安装在手腕上的一个重要部件，它可以是多手指的手爪，也可以是喷漆枪或者焊具等作业工具。

（2）传感部分。传感部分就好比人类的五官，为机器人工作提供感觉，使机器人工作过程更加精确。这部分主要可以分为两个系统：

1）感受系统。感受系统由内部传感器模块和外部传感器模块组成，用于获取内部和外部环境状态中有意义的信息。智能传感器可以提高机器人的机动性、适应性和智能化的水准。对于一些特殊的信息，传感器的灵敏度甚至可以超越人类的感觉系统。

2）机器人—环境交互系统。机器人—环境交互系统是实现工业机器人与外部环境中的设备相互联系和协调的系统。工业机器人与外部设备集成为一个功能单元，如加工制造单元、焊接单元、装配单元等。也可以是多台机器人、多台机床设备或者多个零件存储装置集成为一个能执行复杂任务的功能单元。

（3）控制部分。控制部分相当于机器人的大脑部分，可以直接或者通过人工对机器人的动作进行控制，控制部分也可以分为两个系统。

1）人机交互系统。人机交互系统是使操作人员参与机器人控制并与机器人进行联系的装置，如计算机的标准终端、指令控制台、信息显示板、危险信号警报器、示教盒等。简单来说，该系统可以分为两大部分：指令给定装置和信息显示装置。

2）控制系统。控制系统主要是根据机器人的作业指令程序以及从传感器反馈回来的信号支配执行机构去完成规定的运动和功能。根据控制原理，控制系统可以分为程序控制系统、适应性控制系统和人工智能控制系统三种。根据运动形式，控制系统可以分为点位控制系统和轨迹控制系统两大类。

通过这三大部分六大系统的协调作业，工业机器人成为一台高精密度的机械设备，具备工作精度高、稳定性强、工作速度快等特点，为企业提高生产效率和产品质量奠定了基础。

4. 工业机器人的主要技术参数

工业机器人的技术参数是各工业机器人制造商在产品供货时所提供的技术数据。尽管各厂商提供的技术参数不完全一样，工业机器人的结构、用途等有所不同，且用户的要求也不同，但工业机器人的主要技术参数一般应有自由度、重复定位精度、工作范围、工作速度和承载能力等。

（1）自由度。自由度是指机器人所具有的独立坐标轴运动的数目，不应包括手爪（末端操作器）的开合自由度。在三维空间中描述一个物体的位置和姿态（简称位姿）需要六个自由度。但是，工业机器人的自由度是根据其用途而设计的，可能小于六个自由度，也可能大于六个自由度。从运动学的观点来看，在完成某一特定作业时具有多余自由度的机器人，就叫作冗余自由度机器人。利用冗余自由度可以增加机器人的灵活性、躲避障碍物和改善动力性能。人的手臂（大臂、小臂、手腕）共有七个自由度，所以工作起来很灵巧，手部可回避障碍而从不同方向到达同一个目的点。

（2）重复定位精度。重复定位精度是指在相同的位置指令下，机器人连续重复若干次定位手部于同一目标位置的能力，以实际位置值的分散程度来表示，它是衡量一列误差值的密集程度。

（3）工作范围。工作范围是指机器人手臂末端或手腕中心所能到达的所有点的集合，也叫工作区域。因为末端操作器的尺寸和形状是多种多样的，为了真实反映机器人的特征参数，所以，这里是指不安装末端操作器时的工作区域。工作范围的形状和大小是十分重要的，机器人在执行作业时可能会因存在手部不能到达的作业死区而不能完成任务。

（4）工作速度。工作速度指的是机器人在合理的工作载荷之下和匀速运动的过程中，机械接口中心或者工具中心点在单位时间内转动的角度或者移动的距离。

（5）承载能力。承载能力是指机器人在工作范围内的任何位姿上所能承受的最大质量。承载能力不仅决定于负载的质量，而且还与机器人运行的速度和加速度的大小及方向有关。为了安全起见，承载能力这一技术指标是指高速运行时的承载能力。通常，承载能力不仅指负载，还包括了机器人末端操作器的质量。

（二）KUKA 机器人型号

为适应不同的行业要求，KUKA（库卡）机器人公司开发了从低负荷到重负荷等四种不同负载的机器人系列。

1. KR 5 arc 焊接机器人

KR 5 arc 是 KUKA 机器人系列产品中最小的机器人之一。其具有价格优惠、尺寸紧凑、运动灵活等优势，而 5kg 的负载能力使其特别适合完成标准弧焊工艺，如图 1.10 所示。

KR 5 arc 规格参数

性能	
承重能力	5kg
附加负重	12kg
最大工作范围	1412mm
轴数	6
重复精确度	0.04mm
轴运动范围	
轴	旋转角度
1	±155°
2	+65° /−180°
3	+158° /−15°
4	±350°
5	±130°
6	±350°
最大速度	
轴 1	154° /s
轴 2	154° /s
轴 3	228° /s
轴 4	343° /s
轴 5	384° /s
轴 6	721° /s
其他参数	
本体质量	127kg
安装位置	地面、天花板
控制系统	KR C2

图 1.10 KR5 arc 焊接机器人

2. KR X arc HW 系列机器人

KR X arc HW 系列机器人针对气体保护焊接而被开发。其具有一些与众不同的功能特征，机械臂和机械手上有一个 50mm 宽的通孔，可以保证机械臂上的整套保护气体软管的敷设；不仅可以避免保护气体软管组件受到机械性损失，而且可以防止其在机器人改变方向时随意甩动，如图 1.11 所示。

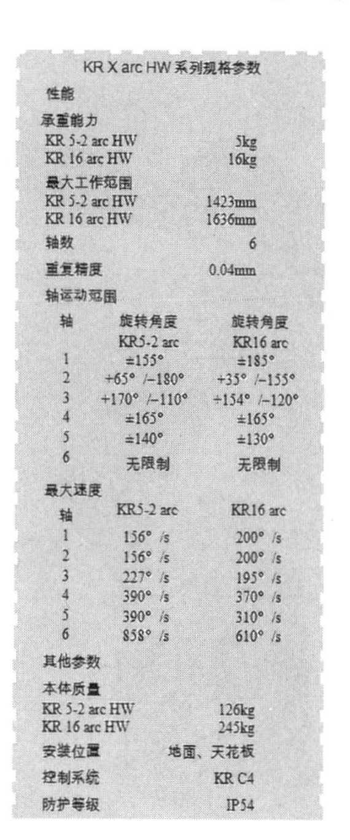

KR X arc HW 系列规格参数

性能		
承重能力		
KR 5-2 arc HW		5kg
KR 16 arc HW		16kg
最大工作范围		
KR 5-2 arc HW		1423mm
KR 16 arc HW		1636mm
轴数		6
重复精度		0.04mm
轴运动范围		
轴	旋转角度 KR5-2 arc	旋转角度 KR16 arc
1	±155°	±185°
2	+65° /–180°	+35° /–155°
3	+170° /–110°	+154° /–120°
4	±165°	±165°
5	±140°	±130°
6	无限制	无限制
最大速度		
轴	KR5-2 arc	KR16 arc
1	156° /s	200° /s
2	156° /s	200° /s
3	227° /s	195° /s
4	390° /s	370° /s
5	390° /s	310° /s
6	858° /s	610° /s
其他参数		
本体质量		
KR 5-2 arc HW		126kg
KR 16 arc HW		245kg
安装位置		地面、天花板
控制系统		KR C4
防护等级		IP54

图 1.11　KR X arc HW 系列机器人

3．KR16 系列机器人

由于用途广泛、应用灵活，KR16 系列机器人适合加工工业的绝大多数应用领域（无论是汽车配件供应行业还是非汽车领域），如图 1.12 所示。

KR16 系列规格参数

性能	
承重能力	16kg
附加负载	10kg
最大工作范围	1611mm
轴数	6
重复精度	0.05mm
轴运动范围	
轴	旋转角度
1	±185°
2	+35° /–155°
3	+154° /–130°
4	±350°
5	±130°
6	±350°
最大速度	
轴	最大速度
1	156° /s
2	156° /s
3	156° /s
4	330° /s
5	330° /s
6	615° /s
其他参数	
本体质量	235kg
安装位置	地面、天花板
控制系统	KR C2

图 1.12　KR16 系列机器人

4．L 系列机器人

针对一些应用领域对机器人作用范围有特定要求，库卡机器人公司在低、中负荷机器人中推出了 L 系列的 KR16 L6-2 机器人和 KR 30 L16-2 机器人，如图 1.13 所示。

L 系列规格参数

性能	
承重能力	
KR 16 L6-2	6kg
KR 30 L16-2	16kg
最大工作范围	
KR 16 L6-2	1911mm
KR 30 L16-2	3102mm
轴数	6
重复精度	
KR 16 L6-2	0.10mm
KR 30 L16-2	0.07mm

轴运动范围

轴	旋转角度 KR 16 L6-2	旋转角度 KR 30 L16-2
1	±185°	±185°
2	+35°/−155°	+35°/−135°
3	+154°/−130°	+158°/−120°
4	±350°	±350°
5	±130°	±130°
6	±350°	±350°

最大速度

轴	KR 16 L6-2	KR 30 L16-2
1	156°/s	100°/s
2	156°/s	80°/s
3	156°/s	80°/s
4	335°/s	230°/s
5	335°/s	165°/s
6	647°/s	249°/s

其他参数	
本体质量	
KR 16 L6-2	240kg
KR 30 L16-2	700kg
安装位置	地面、天花板
控制系统	KR C2

图 1.13　L 系列机器人

5. HA 系列机器人

HA 系列机器人专为高精度的工艺动作而设计，其重复精度达到 0.05mm，适合激光应用领域或部件测量领域。该机器人的显著特点是其腕轴具有极高的精确度和速度，如图 1.14 所示。

HA 系列规格参数

性能	
承重能力	30kg
最大工作范围	2033mm
轴数	6
重复精度	0.05mm

轴运动范围

轴	旋转角度
1	±185°
2	+35°/-135°
3	+158°/-120°
4	±350°
5	±119°
6	±350°

最大速度

轴	KR 30 HA	KR 60 HA
1	140°/s	128°/s
2	126°/s	102°/s
3	140°/s	128°/s
4	260°/s	260°/s
5	245°/s	245°/s
6	322°/s	322°/s

其他参数	
本体质量	665kg
安装位置	地面、天花板
控制系统	KR C2

图 1.14　HA 系列机器人

6. KR X jet 系列机器人

KR X jet 系列机器人又称为龙门架机器人，适用于需要顶部安装作业及大型机械装卸作业的情况，可以过顶安装，也可以侧面安装。KUKA 还为其配备了适用于特殊生产要求的线性滑轨，增加了其工作范围，如图 1.15 所示。

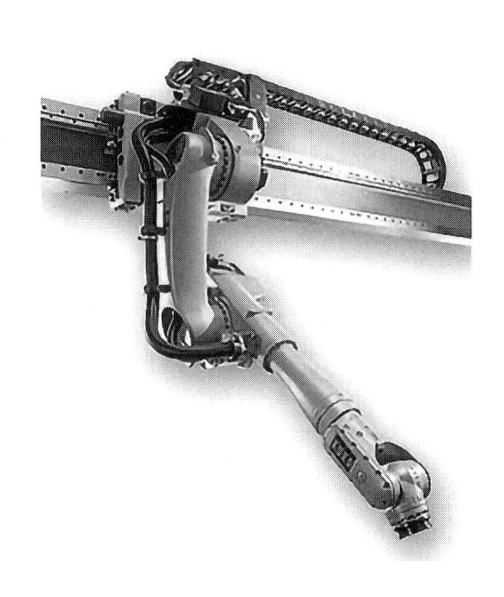

KR X jet 系列规格参数

性能

承重能力	
KR 30 jet	30kg
KR 60 jet	60kg
最大工作范围	1670mm
轴数	6
重复精度	0.07mm

轴运动范围

轴	旋转角度 KR 30 jet	旋转角度 KR 60 jet
1	轨道长度	轨道长度
2	+0° /-180°	+0° /-180°
3	+180° /-120°	+158° /-120°
4	±350°	±350°
5	±119°	±125°
6	±350°	±350°

最大速度

轴	KR 30 jet	KR 60 jet
1	3.2m/s	3.2m/s
2	126° /s	120° /s
3	166° /s	166° /s
4	260° /s	260° /s
5	245° /s	245° /s
6	322° /s	322° /s

其他参数

本体质量	435kg
安装位置	龙门架、墙面
控制系统	KR C2

图 1.15　KR X jet 系列机器人

7. CR 系列机器人

CR 系列净室机器人与库卡普通机器人不同的是，净室机器人喷涂了特殊油漆且表面经过打磨抛光，这就避免了微粒的黏附，适用于涂装及打磨工作环境，如图 1.16 所示。

CR 系列规格参数

性能

承重能力	
KR 16-2 CR	16kg
KR 30-3 CR	30kg
最大工作范围	
KR 16-2 CR	1.61m
KR 30-3 CR	2.03m
轴数	6
重复精度	
KR 16-2 CR	0.05mm
KR 30-3 CR	0.06mm

轴运动范围

轴	旋转角度 KR 16-2 CR	旋转角度 KR 30-3 CR
1	±185°	±185°
2	+35° /−155°	+35° /−135°
3	+154° /−130°	+158° /−120°
4	±350°	±350°
5	±130°	±119°
6	±350°	±350°

最大速度

轴	KR 16-2 CR	KR 30-3 CR
1	156° /s	140° /s
2	156° /s	126° /s
3	156° /s	140° /s
4	330° /s	260° /s
5	330° /s	245° /s
6	615° /s	322° /s

其他参数

本体质量	KR 16-2 CR 235kg
	KR 16-2 CR 665kg
安装位置	天花板、墙面
控制系统	KR C2

图 1.16　CR 系列机器人

8. KR QUANTEC prime 系列机器人

KR QUANTEC prime 系列机器人稳定性和精确性超群，作业周期更短，而轨迹精度与节能效果最佳；尽管作用半径达到 3000mm 左右，负载能力达到 150kg 以上，其仍然可实现±0.06mm 的点重复精度，如图 1.17 所示。

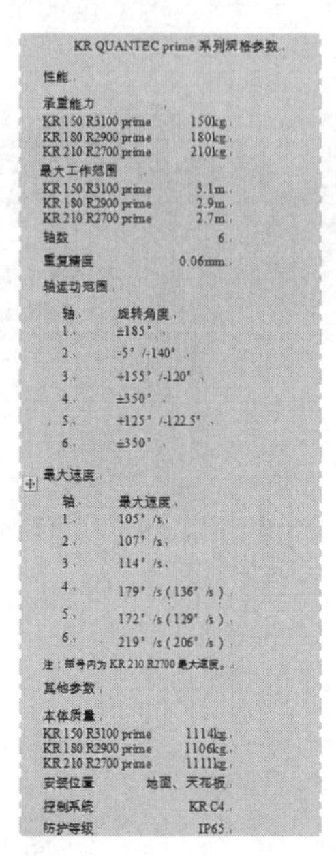

KR QUANTEC prime 系列规格参数

性能

承重能力	
KR 150 R3100 prime	150kg
KR 180 R2900 prime	180kg
KR 210 R2700 prime	210kg
最大工作范围	
KR 150 R3100 prime	3.1m
KR 180 R2900 prime	2.9m
KR 210 R2700 prime	2.7m
轴数	6
重复精度	0.06mm

轴运动范围

轴	旋转角度
1	±185°
2	-5° /-140°
3	+155° /-120°
4	±350°
5	+125° /-122.5°
6	±350°

最大速度

轴	最大速度
1	105° /s
2	107° /s
3	114° /s
4	179° /s（136° /s）
5	172° /s（129° /s）
6	219° /s（206° /s）

注：括号内为 KR 210 R2700 最大速度。

其他参数

本体质量	
KR 150 R3100 prime	1114kg
KR 180 R2900 prime	1106kg
KR 210 R2700 prime	1111kg
安装位置	地面、天花板
控制系统	KR C4
防护等级	IP65

图 1.17　KR QUANTEC prime 系列机器人

9. KR90 系列机器人

KR90 系列机器人尽管负荷高，但仍有最好的加速值；为大负载能力而设计，即使在最高负载时，也能确保最好的加速值。其广泛应用于货物搬运及堆垛，如图 1.18 所示。

KR90 系列规格参数

规格

机器人型号	承重能力	工作半径
KR90 R3100 extra	90Kg/50Kg	3.10m
KR90 R2700 pro	90Kg/50Kg	2.70m
KR 90 R3700	90Kg/50Kg	3.70m

性能

重复定位精度　0.06mm

速度

轴	3100	2700	3700
1	123° /s	136° /s	105° /s
2	115° /s	130° /s	107° /s
3	120° /s	120° /s	114° /s
4	292° /s	292° /s	292° /s
5	258° /s	258° /s	258° /s
6	284° /s	284° /s	284° /s

性能

重复定位精度	±0.06mm
KR 90 R3100 extra	1092kg
KR 90 R2700 pro	1058kg
KR90 R3700 prime K	1204kg
安装位置	地面
控制系统	KR C4
防护等级	IP65

运动范围

轴	3100	2700	3700
1	±185°	±185°	±185°
2	−5° /−140°	−5° /−140°	+70° /−140°
3	+155° /−120°	−155° /−120°	+155° /−120°
4	±350°	±350°	±350°
5	±125°	±125°	
6	±350°	±350°	

图 1.18　KR 90 系列机器人

10. KR120 系列机器人

KR120 系列机器人是 KR90 系列机器人的加强版，其负载能力更强，而速度并没有明显下降。与 KR90 系列机器人的运用相似，KR120 系列机器人能进行较大质量的工业零件的搬运与装拆，辅助工业设备作业，如图 1.19 所示。

KR120 系列规格参数

规格

机器人型号	承重能力	工作半径
KR120 R2900	120kg	2.90m
KR120 R2500	120kg	2.50m
KR 120 R3900	120kg	3.90m
KR 120 R3500	120kg	3.50m

性能

重复定位精度 0.06mm

速度

轴	2900	2500	3700
1	123° /s	136° /s	105° /s
2	115° /s	130° /s	107° /s
3	120° /s	120° /s	114° /s
4	292° /s	292° /s	292° /s
5	258° /s	258° /s	258° /s
6	284° /s	284° /s	284° /s

性能

重复定位精度	±0.06mm
KR 90 R3100 extra	1092kg
KR 90 R2700 pro	1058kg
KR90 R3700 prime K	1204kg
安装位置	地面
控制系统	KR C4
防护等级	IP65

运动范围

轴	3100	2700	3700
1	±185°	±185°	±185°
2	−5°/−140°	−5°/−140°	+70°/−140°
3	+155°/−120°	−155°/−120°	+155°/−120°
4	±350°	±350°	
5	±125°	±125°	
6	±350°	±350°	

图 1.19 KR120 系列机器人

任务三　项目测试

<table>
<tr><td>姓名</td><td></td><td>项目名称</td><td></td></tr>
<tr><td>指导教师</td><td></td><td>小组人员</td><td></td></tr>
<tr><td>时间</td><td></td><td>备注</td><td></td></tr>
<tr><td colspan="4">测试内容</td></tr>
<tr><td colspan="4">1.工业机器人的定义。
2.工业机器人的分类。
3.工业机器人的基本组成。
4.工业机器人的主要技术参数。</td></tr>
<tr><td colspan="4">测试解答</td></tr>
<tr><td colspan="4">1.按结构坐标系划分，机器人有哪些？</td></tr>
<tr><td colspan="4">2.工业机器人有哪些应用领域？</td></tr>
<tr><td colspan="4">3.工业机器人的主要技术参数有哪些？</td></tr>
<tr><td colspan="2">项目考核点</td><td colspan="2">评分</td></tr>
<tr><td colspan="2">对工业机器人定义的了解程度</td><td colspan="2"></td></tr>
<tr><td colspan="2">对工业机器人主要分类的了解程度</td><td colspan="2"></td></tr>
<tr><td colspan="2">对工业机器人基本组成之间相互关系的理解</td><td colspan="2"></td></tr>
<tr><td colspan="2">对工业机器人六大组成系统的理解</td><td colspan="2"></td></tr>
<tr><td colspan="2">解答题得分</td><td colspan="2"></td></tr>
<tr><td colspan="2">评分教师</td><td colspan="2"></td></tr>
</table>

安全提示：请注意站在机器人工作范围以外进行示教操作，以防机器人突然动作误伤！

项目二　机器人控制柜

机器人控制柜

【项目分析】

本项目主要描述工业机器人控制柜的基础知识，认识 KUKA 机器人常用的控制柜型号以及控制柜组件的功能和作用，为以后学习控制柜的维护奠定基础。

任务一　控制柜的定义与分类

【任务分析】

认识 KUKA 机器人的控制柜，了解机器人所需要的控制系统，掌握控制柜的基本电气参数。

（一）控制柜的定义

在工业机器人中，控制柜是非常重要的设备，用于安装各种控制单元，进行数据处理及存储和执行程序。它通过各种控制电路、硬件和软件结合来操纵机器人，并协调机器人与生产系统中其他设备的关系，是机器人的大脑。

（二）控制柜的分类

控制柜如图 1.20 所示，其分类见表 1.6。

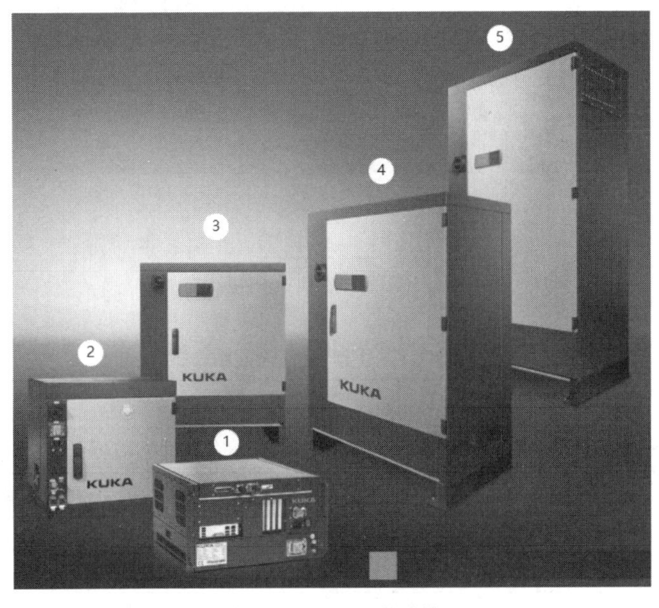

图 1.20　KUKA 控制柜

表 1.6 KUKA 控制柜的分类

序号	名称	主要参数
①	KR C4 紧凑型控制柜	IP 20，6 轴，最多 2 个外部轴
②	KR C4 小型控制柜	IP 54，6 轴，可叠加
③	KR C4 标准型控制柜	IP 54，6 轴，最多 3 个外部轴，可叠加
④	KR C4 中型控制柜	IP 54，6 轴，最多 3 个外部轴，不可叠加
⑤	KR C4 扩展型控制柜	IP 54，6 轴，最多 10 个外部轴，不可叠加

任务二 控制柜的功能和组成

【任务分析】

通过详细地分析机器人控制柜内的结构和外观结构，掌握重要的电气部件和控制柜的作用。

（一）控制柜的组成结构

KR C4 控制柜的组成结构（正视图）如图 1.21 所示，其各模块说明见表 1.7。

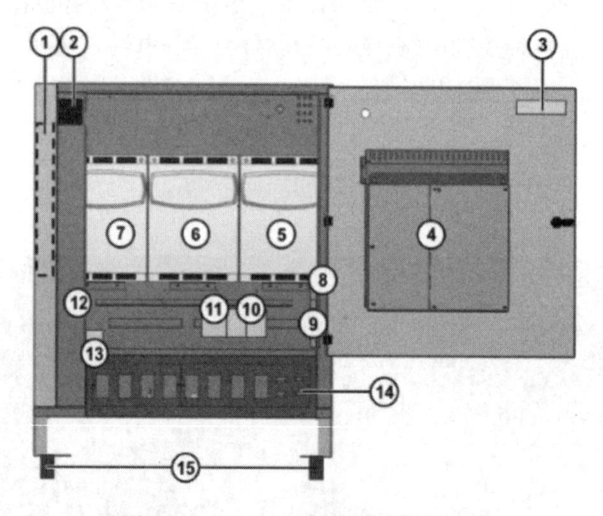

图 1.21 KR C4 控制柜正视图概览

表 1.7 控制柜模块说明

序号	模块说明	序号	说明
①	电源滤波器	⑤	带驱动调节器的驱动电源
②	总开关	⑥	4 至 6 号轴驱动调节器
③	CSP（Controller System Panel，控制系统操作面板）	⑦	1 至 3 号轴驱动调节器
④	控制系统电脑	⑧	制动过滤器

续表

序号	说明	序号	说明
⑨	CCU（Cabinet Control Unit，控制柜）	⑬	蓄电池
⑩	继电器	⑭	接线板
⑪	转换器	⑮	外壳
⑫	保险元件		

控制系统部分元件详细介绍如下：

（1）电源滤波器：电源滤波器（去干扰过滤器）的作用在于使50Hz/60Hz信号不受阻碍地传通，抑制线路产生的干扰电压（在机器人控制系统内，线路产生的干扰电压主要来自KPP/KSP）。如果没有电源滤波器，干扰电压可扩展至整个电网。

（2）CSP：CSP是各种操作状态的显示单元，并且拥有USB1、USB2、KLI（库卡线路接口）等接口，只用于连接箱内的控制系统转换器。

（3）控制系统电脑：由电源件、主板、Dual Nic双网卡、RAM存储器和硬盘构成。

（4）带驱动调节器的驱动电源：库卡配电箱（KPP）是驱动电源，可从三相电网中生成整流中间回路电压。利用该中间回路电压可给内置驱动调节器和外置驱动装置供电。

（5）驱动调节器：伺服电机的场定向控制；扭矩调节直接供应直流中间回路电压功率范围；每个轴伺服器的功率为11kW～14kW；集成式安全功能，如单轴安全制动、功率安全关断和作为以前单制动模块选项的STO（Safe Torque Off）。

（6）制动过滤器：制动过滤器用于过滤制动器松开时产生的电压峰值，制动过滤器嵌装在控制柜的右侧。

（7）CCU：CCU包含两块电路板（CIB控制柜接口板和PMB电源管理板），是机器人控制系统所有组件的配电装置和通信接口。所有数据通过内部通信传输给控制系统，并在那里继续处理。当电源断电时，控制系统部件接受蓄电池供电，直至位置数据备份完成以及控制系统关闭。另外CCU还通过负载测试检查蓄电池的充电状态和质量。

（8）继电器：当输入量（激励量）的变化达到规定要求时，在电气输出电路中使被控量发生预定的阶跃变化的一种电器。它具有控制系统（又称输入回路）和被控制系统（又称输出回路）之间的互动关系，通常应用于自动化的控制电路中，实际上是用小电流去控制大电流运作的一种“自动开关”。故在电路中起着自动调节、安全保护、转换电路等作用。

（9）转换器：转换器通常是建立在硬件基础上的，以实现最短的接线环路。最新转换器拥有10/100/1000MBit/s的数据传输速率。转换器的作用是尝试检定数据包的接收者，然后将数据包传送到该接收者的端口。只有在转换器无法确定接收者的情况下，才会将数据包发送给网络内的所有用户。这样，一个本地网络的可用宽带便可高效地分配给实际需要的用户。

（10）保险元件：当电路出现过压、过流和过热等不正常情况时，保险元件就会发挥作用，从而保护整体或局部电路的安全。

（11）蓄电池：机器人控制系统会在断电时借助蓄电池在受控状态下关闭；蓄电池接受控制柜的充电以及周期式的电量监控；蓄电池管理器接收一项电脑任务的控制，并且通过一条与控制柜连接的USB连接线而接收监控；蓄电池与控制柜上的插头X305连接，并采用F305号熔丝保护。

（12）接线板：机器人控制系统的接线板包含下列线路的接口：电源线/供电电源，用于机械手的电机导线，用于机械手的数据线路，库卡 SmartPAD 线路，PE 线路，外围导线。视具体选项和客户需求而定，接线板可附设不同的零部件。

KR C4 控制柜的组成结构如图 1.22 所示，各模块功能说明见表 1.8。

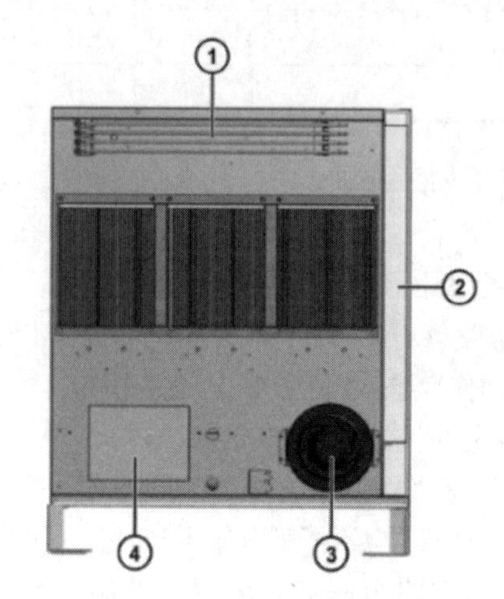

图 1.22 KR C4 控制柜后视图概览

表 1.8 控制柜模块功能介绍

序号	模块	功能介绍
①	镇流电阻	镇流电阻用于制动过程中产生的中间回路电压的放电
②	热交换器	散热
③	外部风扇	散热
④	低压电源件	低压电源件用于对下列组件进行供电：电机制动装置、外围设备、控制系统电脑、KSP、KPP、蓄电池、控制柜风扇、RDC、SmartPAD 电源件连接 3x400V AC 市电，然后提供 40A 的 27V DV 输出电压

（二）控制柜的作用

控制柜有以下作用：

（1）为机器人控制系统部件提供通信接口。有安全输出端和输入端，可以控制主接触器 1 和 2，校准定位，可插入库卡 SmartPAD。

（2）提供了 8 个适用于客户应用程序的测量输入端（节拍：125μs）。

（3）能够监控机器人控制系统中的风扇，包括外部风扇和控制系统电脑的风扇。

（4）可以进行温度值采集，采集的组件包括变压器的热效自动开关、冷却器的信号触点、主开关的信号触点、镇流电阻温度传感器、柜内温度传感器。

（5）提供电子储存器接口，诊断 LED 等功能。

任务三　项目测试

<table>
<tr><td>姓名</td><td></td><td>项目名称</td><td></td></tr>
<tr><td>指导教师</td><td></td><td>小组人员</td><td></td></tr>
<tr><td>时间</td><td></td><td>备注</td><td></td></tr>
<tr><td colspan="4">测试内容</td></tr>
<tr><td colspan="4">1.工业机器人控制柜的定义。
2.KUKA 控制柜的分类。
3.控制柜组件的功能说明。
4.控制柜的作用。</td></tr>
<tr><td colspan="4">测试解答</td></tr>
<tr><td colspan="4">KUKA 控制柜有哪些型号？</td></tr>
<tr><td colspan="2">项目考核点</td><td colspan="2">评分</td></tr>
<tr><td colspan="2">对工业机器人控制柜了解程度</td><td colspan="2"></td></tr>
<tr><td colspan="2">对工业机器人控制柜组件的了解程度</td><td colspan="2"></td></tr>
<tr><td colspan="2">对工业机器人控制柜作用的了解程度</td><td colspan="2"></td></tr>
<tr><td colspan="2">解答题得分</td><td colspan="2"></td></tr>
<tr><td colspan="2">评分教师</td><td colspan="2"></td></tr>
</table>

安全提示：请注意站在机器人工作范围以外进行示教操作，以防机器人突然动作误伤！

项目三　安全

安全

【项目分析】

安全是在人类生产过程中，将系统的运行状态对人类的生命、财产、环境可能产生的损害控制在人类能接受水平以下的状态。进入实训中心的所有人员应具有安全第一的意识，操作设备前认真学习相关设备的操作规程，以免发生安全事故，造成人员受伤和财产损失。

任务一　安全知识

【任务分析】

本任务着重对机器人相关安全进行了说明，通过学习掌握相关的安全术语和安全相关的注意事项，牢记正确的操作规程。

（一）安全术语

1．安全信号标志

工业机器人安全信号标志一般出现在操作手册和机器人设备上，了解并掌握安全标志的含义对操作人员极为重要。安全标志是向工作人员警示工作场所或周围环境的危险状况，指导人们采取合理行为的标志。安全标志能够提醒工作人员预防危险，从而避免事故发生；当危险发生时，能够指示人们采取正确、有效、得力的措施，对危害加以遏制。下面就来认识一下机器人常用的安全信号标志，见表 1.9。

表 1.9　机器人常用的安全信号标志

标志	意义
	注意。如果不严格遵守或不遵守操作说明、工作指示、规定的操作顺序和诸如此类的规定，可能会导致机器人系统的损坏
	应该注意某个特别的提示。一般来说，遵循这个提示将使进行的工作容易完成
	当标志底色为白色时，如果不严格遵守或不遵守操作说明、工作指示、规定的操作顺序和诸如此类的规定，可能会导致人员伤亡事故
	当标志底色为黄色时，如果不依照说明操作，可能会发生事故，该事故可造成严重的伤害（可能致命）和/或重大的产品损坏。它适用于诸如接触高压电气装置、爆炸或火灾、有毒气体风险、压轧风险、撞击和从高处跌落等危险所采用的警告
	当标志底色为红色时，如果不依照说明操作，就会发生事故，并导致严重或致命的人员伤害和/或严重的产品损坏。它适用于诸如接触高压电气装置、爆炸或火灾、有毒气体风险、压轧风险、撞击和从高处跌落等危险所采用的警告

续表

标志	意义
	针对可能会导致严重的人员伤害或死亡的电气危险的警告
	如果不依照说明操作，可能会发生能造成伤害和/或产品损坏的事故。它也适用于包括烧伤、眼睛伤害、皮肤伤害、听觉损害、压轧或打滑、跌倒、撞击和从高处跌落等风险的警告。此外，安装和卸除有损坏产品或导致故障的风险的设备时，它还适用于包括功能需求的警告
	静电放电（ESD）。针对可能会导致产品严重损坏的电气危险的警告
	注意。描述重要的事实和条件
	提示。描述从何处查找附加信息或者如何以更简单的方式进行操作

2. 工业机器人安全防护装置

在工业机器人通电运行时，高速运转的工业机器人与其他相关设备的工作区域之间可能互相重叠而产生碰撞，夹挤或由于夹持器松脱而发生工件飞出等危险。为避免发生安全事故，造成人员伤亡或财产损失，工业机器人系统必须始终装备相应的安全设备，如隔离性防护装置（防护栅、门等）、紧急停止按键、失知制动装置、轴范围限制装置等，如图 1.23 所示。

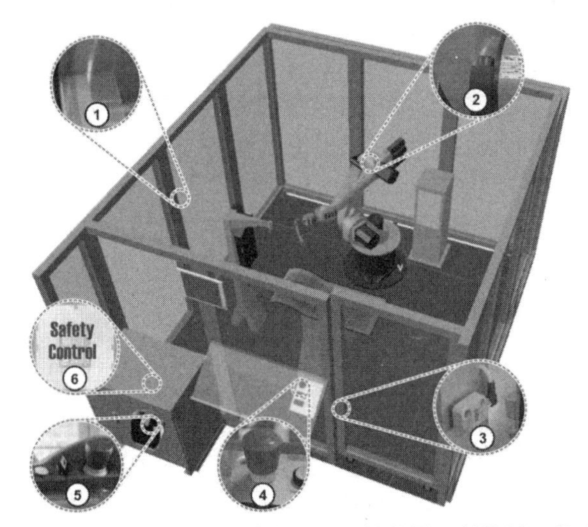

①防护栅；②轴 1、2 和 3 的机械终端止挡或者轴范围限制装置；③防护门及具有关闭功能监控的门触点；④紧急停止按钮（外部）；⑤紧急停止按钮、确认开关（使能按键）、调用连接管理器的钥匙开关；⑥内置的（V）KR C4 安全控制器

图 1.23　机器人防护装置

在安全防护装置功能不完善的情况下，机器人系统可能会导致人员受伤或财产损失。在安全防护装置被拆下或关闭的情况下，不允许运行机器人系统。

3. 紧急停止装置

工业机器人的紧急停止装置是位于 KCP（示教器）上的紧急停止按钮。在出现危险情况或紧急情况时必须按下此按钮。按下紧急停止按钮时，工业机器人的反应：机械手及附加轴（可选）以安全停止 1 的方式停机。若欲继续运行，则必须旋转紧急停止按钮以将其解锁，接着对停机信息进行确认。

与机械手相连的工具或其他装置若可能引发危险，则必须将其连入设备侧的紧急停止回路中。如果没有遵照执行这一规定，则可能会造成严重身体伤害、人员死亡或巨大的财产损失。

4. 外部紧急停止装置

在每个可能引发机器人运动或其他可能带来危险情况的工位上都必须有紧急停止装置可供使用。系统集成商应对此承担责任。至少要安装一个外部紧急停止装置，以确保即使在 KCP 已拔出的情况下也有紧急停止装置可供使用。外部紧急停止装置通过客户方的接口连接。

5. 操作人员防护装置

操作人员防护装置信号用于锁闭隔离性防护装置（如防护门）。没有此信号，就无法使用自动运行方式。如果在自动运行期间出现信号缺失的情况（如防护门被打开），则机械手将以安全停止 1 的方式停机。在手动慢速测试运行方式（T1）和手动快速测试运行方式（T2）下，操作人员防护装置不启用。

6. 安全停止

安全停止 1 和安全停止 2 可通过客户接口上的输入端触发。该状态在外部信号为 FALSE 时一直保持。当外部信号为 TRUE 时，机械手可以重新被操作。此处无需确认。

（二）安全注意事项

（1）工业机器人使用人员必须对自己的安全负责。

（2）工作人员操作机器人时必须使用安全设备，必须遵守安全条款。

（3）工业机器人程序的设计人员、机器人系统的设计人员和调试人员、安装人员必须熟悉机器人的编程方式、系统应用及安装。

（4）进入工业机器人工作场所的操作人员，需穿合适的工作服和劳保鞋，佩戴安全帽，禁止在披长发、戴手套、衣领袖口外露等不利于自身安全的情况下操作。

（5）禁止倚靠在工业机器人、控制柜及其他外接设备上。

（6）安装、更换、调整、操作、维护及维修等工作应由相关已培训人员根据相应说明执行。

（三）安全操作规程

（1）机器人的操作必须由接受过系统培训的人员或在掌握操作流程的人员指导下操作。

（2）开机之前确认机器人活动范围内（安全护栏以内）无任何人员。

（3）确认机器人的运行速度，示教时的速度应根据机器人周围环境和个人的操作熟练程度调整，初次操作时应由小到大逐渐增加，直到找到较为合适的速度。一般情况下不应超过 30%。

（4）必须知道机器人控制器和外围控制设备上的紧急停止按钮的位置，一旦发生危险或即将发生危险，应迅速按下急停开关使机器人停止。

（5）在任何环境中驱动机器人前，应考虑一下机器人将要运动的轨迹，并确认这一轨迹内没有任何威胁后才运行。

（6）机器人周围区域必须清洁，确保无油、水及杂质等。装卸工件前，先将机械手运动至安全位置，严禁装卸工件过程中操作机器。

（7）不要戴手套操作示教盘和操作盘。当需要手动控制机器人时，应确保机器人动作范围内无任何人员或障碍物，将速度由慢到快逐渐调整，避免速度突变造成伤害或损失。

（8）执行程序前，应确保机器人工作区内不得有无关的人员、工具、物品，工件夹紧可靠并确认，焊接程序与工件对应。

（9）机器人动作速度较快，存在危险性，操作人员应负责维护工作站正常运转秩序，严禁非工作人员进入工作区域。

（10）机器人运行过程中，严禁操作者离开现场，以确保意外情况的及时处理。

（11）机器人工作时，操作人员应注意查看手抓夹装物品状况，防止突然掉落。

（12）线缆不能严重绕曲成麻花状和与硬物摩擦，以防内部线芯折断或裸漏。示教器和线缆不能放置在变位机上，应随手携带或挂在操作位置。

（13）当工业机器人停止运动时，不要认为其已经完成工作了，因为机器人很可能是在等待让它继续移动的输入信号。

（14）因故离开设备工作区域前应按下急停开关，避免突然断电或者关机零位丢失，并将示教器放置在安全位置。

（15）工作结束时，应使机械手置于零位位置或安全位置。

（16）严禁在控制柜内随便放置配件、工具、杂物、安全帽等，以免影响到部分线路，造成设备的异常。

（四）工业机器人开关机流程

1. 工业机器人开机运行流程

（1）开机前请确认机器人周边环境安全。

（2）打开设备总控电源，一般在墙上电箱里或靠墙放置的电箱里。

（3）打开工作站控制电源，一般在工作站平台的侧面或工作站周边的电箱里。

（4）打开机器人控制柜电源开关。

（5）复位控制柜、示教器和触摸屏上的紧急停止按钮。

（6）消除报警。

（7）选择正确的运行模式和运行方式，调节运行速率。

（8）按下使能按钮，机器人上电运行。

2. 工业机器人关机流程

（1）停止机器人运动，将机器人返回至安全位置。

（2）按下紧急停止按钮，将示教器放置在指定位置。

（3）依次关闭控制柜电源、工作站电源、设备总控电源。

（4）关机完成，关闭防护门或安全栅栏。

任务二　项目测试

姓名		项目名称	
指导教师		小组人员	
时间		备注	
测试内容			
1.安全术语。 2.安全注意事项。 3.安全操作规程。			
测试解答			
1.机器人系统必须始终装备哪些安全设备？			
2.手动操作机器人时需要选择哪种模式？			
3.手动操作运行机器人时速率一般不宜超过多少？			

项目考核点	评分
对安全标志含义的了解程度	
对安全装置的了解程度	
对安全操作规范的了解程度	
解答题得分	
评分教师	

安全提示：请注意站在机器人工作范围以外进行示教操作，以防机器人突然动作误伤！

第二单元　机器人运动

【单元重点】

- 介绍 KUKA 机器人示教器。
- 介绍示教器软件界面。
- 介绍 KRC 软件菜单。
- 工业机器人单轴运动。
- 工业机器人的轴限位。
- 分析工业机器人不同坐标系的特点。
- 工业机器人在不同坐标系下的平移及旋转运动。
- 在不同坐标系中手动操作工业机器人的方式。
- 持续性移动与增量式移动。
- 分析工业机器人的奇点位置。

【学习目标】

- 认识示教器并了解相关操作方法。
- 熟悉软件界面。
- 了解六轴机器人相关参数。
- 掌握工业机器人单轴运动。
- 掌握工业机器人在世界坐标系中的运动及优点。
- 掌握工业机器人在工具坐标系中的运动及优点。
- 掌握工业机器人在基坐标系中的运动及优点。
- 掌握示教器的按键及 3D 鼠标的操作。
- 掌握在增量式模式下的运动。
- 了解避免工业机器人处于奇点位置的方法。

项目四　认识 SmartPAD

【项目分析】

SmartPAD 就像遥控器一样，是操作人员控制 KUKA 机器人的手持装置，能够实现对机器人进行移动操作、在线编程、参数配置等功能。本书为了让零基础的操作人员能够学会并熟练地使用该装置，先从 SmartPAD 的硬件认识开始，再到 SmartPAD 的软件功能界面认识，逐步掌握使用方法。

任务一　SmartPAD 介绍

SmartPAD 介绍

【任务分析】

人与 KUKA 机器人交互信息需要通过 SmartPAD 来进行，SmartPAD 也叫示教器。本任务对示教器进行了详细的介绍，讲解了示教器的使用方式。

（一）SmartPAD 概览

在机器人的使用过程中为了方便地控制机器人，在对机器人进行现场编程调试时都会有配套的手持编程器。SmartPAD 是进行 KUKA 机器人的手动操纵、程序编写、参数配置以及监控等的手持装置，常被称为示教器，也被称为 KCP（KUKA Control Panel），如图 2.1 所示。

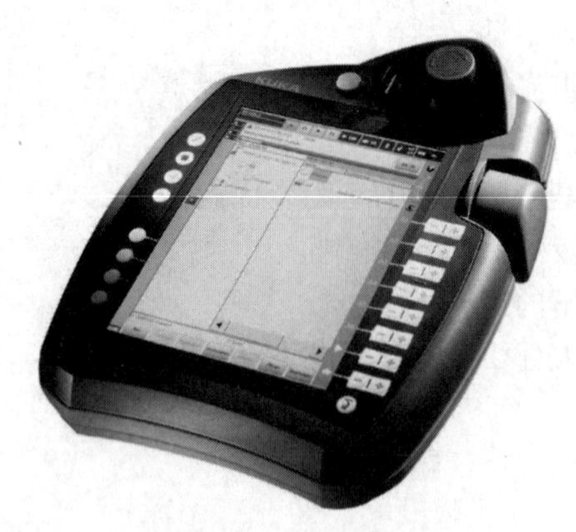

图 2.1　SmartPAD

（1）KUKA 机器人示教器具有下列特点：

1）触摸屏（触摸式操作界面），用手或配备的触摸笔操作。

2）大尺寸竖型彩色显示屏。

3）KUKA 菜单键。

4）八组运动按键。

5）操作工艺数据包的按键。

6）用于程序运行的按键（停止/向前/向后）。

7）显示键盘的按键。

8）更换运行方式的钥匙开关。

9）紧急停止按键。

10）3D 鼠标。

11）可拔出通信接口。

12）USB 接口。

（2）SmartPAD 的主要按键功能如图 2.2 所示，功能说明见表 2.1。

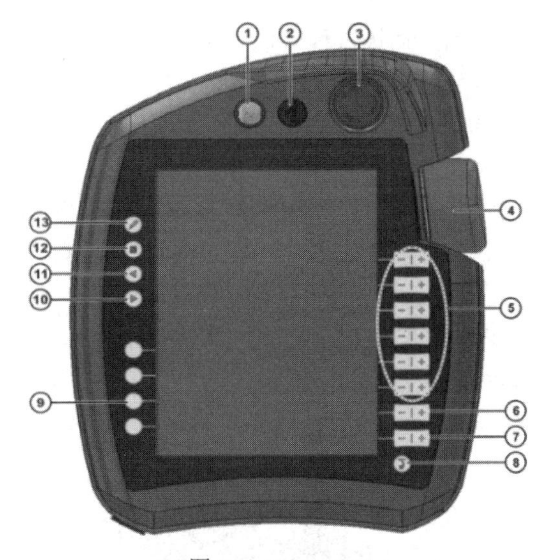

图 2.2 SmartPAD

表 2.1 按键功能说明

序号	功能说明
①	用于拔下 SmartPAD 的按钮
②	用于调出连接管理器的钥匙开关。只有当钥匙插入时，方可转动开关。可以通过连接管理器切换运行模式
③	紧急停止键。用于在危险情况下关停机器人。紧急停止键在被按下时将自行闭锁
④	3D 鼠标。用于手动移动机器人
⑤	移动键。用于手动移动机器人
⑥	用于设定程序倍率的按键
⑦	用于设定手动倍率的按键
⑧	主菜单按键。用来在 SmartHMI 上将菜单项显示出来
⑨	工艺键。工艺键主要用于设定工艺程序包中的参数。其确切的功能取决于所安装的工艺程序包
⑩	启动键。通过启动键可启动一个程序

续表

序号	功能说明
⑪	逆向启动键。用逆向启动键可逆向启动一个程序，程序将逐步运行
⑫	停止键。用停止键可暂停正运行中的程序
⑬	键盘按键。用于显示键盘，通常不必特地将键盘显示出来，SmartHMI 可识别需要通过键盘输入的情况并自动显示键盘

（二）SmartPAD 插拔

KUKA 机器人示教器有个独特的功能，在不需要使用 SmartPAD 时可将其拔下，也可随时插入，不影响其运作，但必须操作得当。

关于 KUKA 机器人 SmartPAD 插拔过程有以下几个特点：

（1）SmartPAD 可在机器人系统正常运行时取下。

（2）插入的 SmartPAD 会应用机器人控制器的当前运行方式。

（3）可随时插入 SmartPAD。

（4）插入时必须注意使用与取下的 SmartPAD 型号相同的 SmartPAD（固件版本）。

（5）插入 30 秒后，紧急停止和确认开关（使能按键）方可再次恢复功能。

（6）SmartHMI（操作界面在 15 秒内）重新自动显示。

拔出 SmartPAD 的操作步骤如下：

（1）按下用来拔下 SmartPAD 的按钮，如图 2.3 所示，此时 KUKA SmartHMI 上会显示一个信息和一个计时器。计时器会计时 30 秒，在此时间内可从机器人控制器上拔下 SmartPAD。

图 2.3　用于拔下 SmartPAD 的按钮

（2）打开配电箱门（V）KR C4，从机器人控制器中拔下 SmartPAD 插头，拔下 SmartPAD 插头的过程如图 2.4 所示，步骤说明见表 2.2。

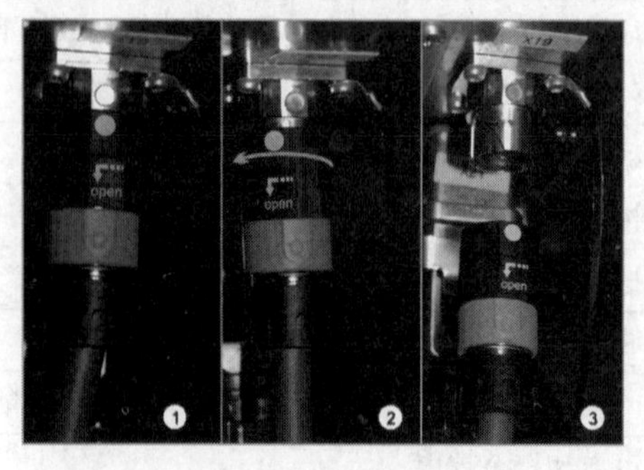

图 2.4　拔下 SmartPAD 插头的过程

表 2.2 拔下 SmartPAD 的操作步骤

序号	操作步骤
①	插头处于插接状态
②	沿箭头方向将上部的黑色部件旋转约 25°
③	向外拔出插头

（3）从机器人控制器上拔下 SmartPAD。

拔下 SmartPAD 有以下几点注意事项：

（1）如果在计数器未运行的情况下取下示教器 SmartPAD，会触发紧急停止，只有重新插入示教器 SmartPAD 后，才能取消紧急停止。

（2）在计时器计时期间，如果没有拔下示教器 SmartPAD，则此次计时失效。可任意多次按下用于拔下的按钮，以再次显示计时器。

（3）如果已拔下 SmartPAD，则无法再通过 SmartPAD 上的紧急停止按键来关断设备。因此必须在机器人控制系统上外接一个紧急停止装置。

（4）用户应负责将拔下的 SmartPAD 立即从设备中取出并将其妥善保管。保管处应远离在工业机器人上作业的人员的视线和接触范围，目的是防止混淆有效的和无效的紧急停止装置。

插入 SmartPAD 的操作步骤：

（1）确保使用相同规格的 SmartPAD。

（2）打开配电箱门（V）KR C4。

（3）插入 SmartPAD 插头，插入 SmartPAD 插头的过程如图 2.5 所示，步骤说明见表 2.3。

（4）关闭配电箱门（V）KR C4。

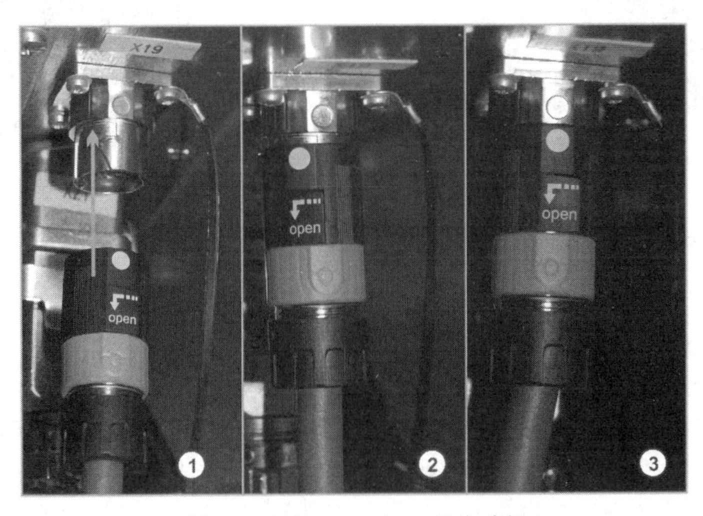

图 2.5 插入 SmartPAD 插头过程

插入 SmartPAD 有以下几点注意事项：

（1）注意插口和 SmartPAD 插头的标记。

（2）操作人员将 SmartPAD 插在机器人控制器上后，必须在 SmartPAD 旁停留至少 30 秒，也就是直到紧急停止和确认开关（使能按键）再次恢复正常功能。这样就可避免出现另一操作人员在紧急情况下使用的紧急停止装置暂时无效的情况。

表 2.3 插入 SmartPAD 的操作步骤

序号	操作步骤
①	插头处于拔下状态（注意标记）
②	向上推插头。向上推时，上部的黑色部件自动旋转约 25°
③	插头自动卡止，标记即相对

（三）SmartPAD 手持方式

KUKA 示教器上有三个确认开关键（即使能键），可方便不同习惯的人用不同方式持握示教器。两手握住示教器，四指按在使能键上（即长方形按键）。对于惯用右手的人来说，左手手指按下使能键，右手进行屏幕和按钮的操作；或者右手手指按下使能键，左手进行屏幕和按钮的操作，如图 2.6 所示；还可以采用另一种方式手握 KUKA 示教器，左手按使能键（即圆形使能键），右手进行屏幕和按钮的操作，如图 2.7 所示。

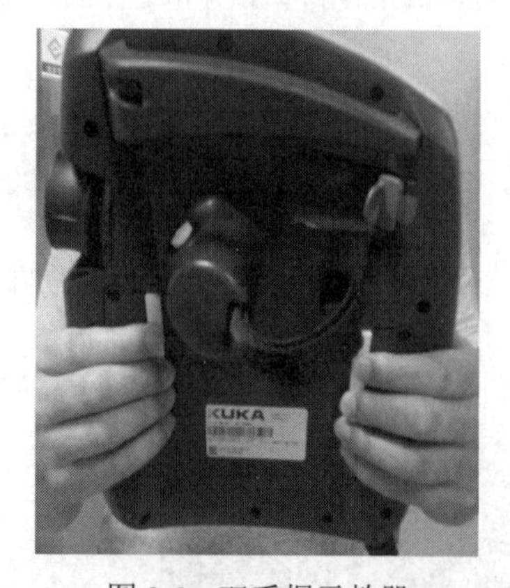

图 2.6 双手握示教器

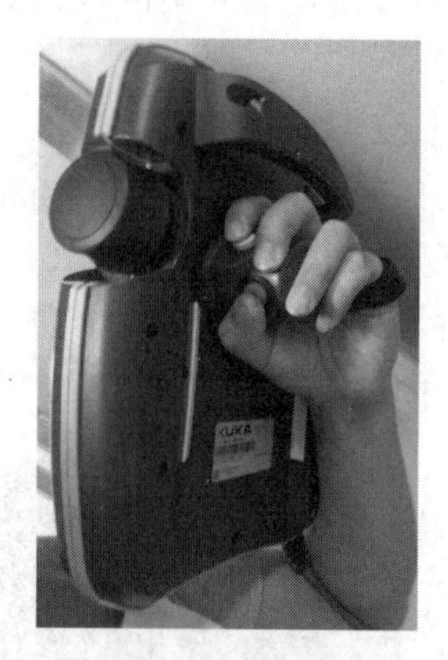

图 2.7 单手握示教器

（四）使能按键的正确使用

示教器使能按键有三个挡位，一档为松开状态，电机处于断电状态；二档为按下状态，电机处于上电状态；三档为使劲按下状态，电机处于断电状态。

使能按键是为保证操作人员安全而设置的，只有在按下使能器按钮，并保证在“电机开启”的状态，才能对机器人进行手动操作与程序调试。但发生危险时，人会本能地将使能按钮松开或按紧，机器人则会马上停止，保证安全。

当手动操作机器人时，在机器人停止运行也就是程序暂停后或者控制机器人移动按键松开后，方可慢慢松开使能按键，防止电机突然断电而造成损坏。按使能键用力适当且稳定，防止用力过小或过大造成机器人电机断电，影响其操作。

任务二 SmartHMI

SmartHMI

【任务分析】

在任务一中介绍了 SmartPAD 的硬件相关内容，本任务主要介绍软件界面、SmartHMI 的功能和菜单、如何切换语言，以及登录系统权限等。

（一）界面介绍

示教器操作界面，是人机交互的操作与控制界面，KUKA 示教器操作界面简称 SmartHMI（其中 HMI 即 Human Machine Interface），操作界面如图 2.8 所示。

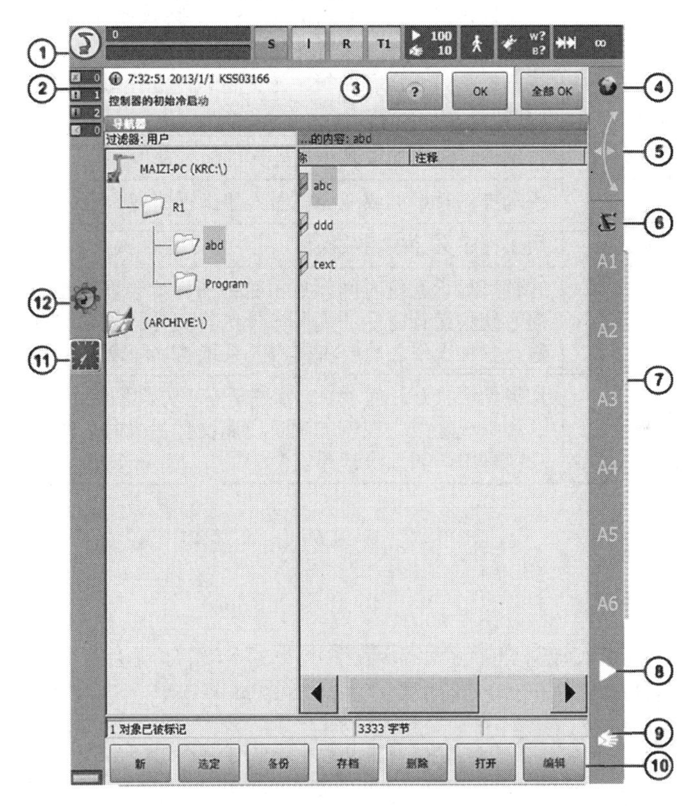

图 2.8 SmartHMI 界面

SmartHMI 操作界面功能见表 2.4。

表 2.4 SmartHMI 操作界面功能

序号	名称	功能
①	状态栏	显示包括主菜单、上电状态、程序运行状态、运行模式、手动和自动速率等
②	信息提示计数器	信息提示计数器显示，提示每种信息类型各有多少条等待处理；触摸信息提示计数器可放大显示

续表

序号	名称	功能
③	信息窗口	显示当前信息提示；根据默认设置将只显示最后一个信息提示；触摸信息窗口可显示信息列表；列表中会显示所有待处理的信息；可以被确认的信息可用 OK 键确认；所有可以被确认的信息可用“全部 OK”键一次性全部确认
④	空间鼠标坐标系显示状态	触摸该图标就可以显示所有坐标系，并进行选择；适用于空间鼠标操作机器人
⑤	显示空间鼠标定位	触摸该图标会打开显示空间鼠标当前的位置信息窗口，在窗口中可以修改位置
⑥	按键坐标系显示状态	触摸该图标就可以显示所有坐标系，并进行选择；适用于移动按键操作机器人
⑦	运行键指示	如果选择了与轴相关的运行，这里将显示轴号（A1、A2 等）；如果选择了笛卡儿式运行，这里将显示坐标系的方向（X、Y、Z、A、B、C）；触摸图标会显示运动系统组选择窗口；选择组后，将显示为相应组中所对应的名称
⑧	自动倍率	自动运行时增加或减少机器人的运行速度
⑨	手动倍率	手动操作时增加或减少机器人的运行速度
⑩	操作菜单栏	用于程序文件的相关操作
⑪	时钟	时钟可显示系统时间，点击时钟图标就会以数码形式显示系统时间和当前系统的运行时间；为了方便进行文件的管理和故障的查阅与管理，在进行各种操作之前要将机器人系统的时间设定为本地时区时间
⑫	Work Visual 图标	如果无法打开任何项目，则位于右下方的图标上会显示一个红色的小 X；这种情况会发生在例如项目所属文件丢失时；在此情况下系统只有部分功能可用，如无法打开安全配置

（二）菜单使用

1. 状态栏

状态栏显示工业机器人设置的状态。多数情况下点击图标就会打开一个窗口，可在打开的窗口中更改设置，操作界面如图 2.9 所示，功能介绍见表 2.5。

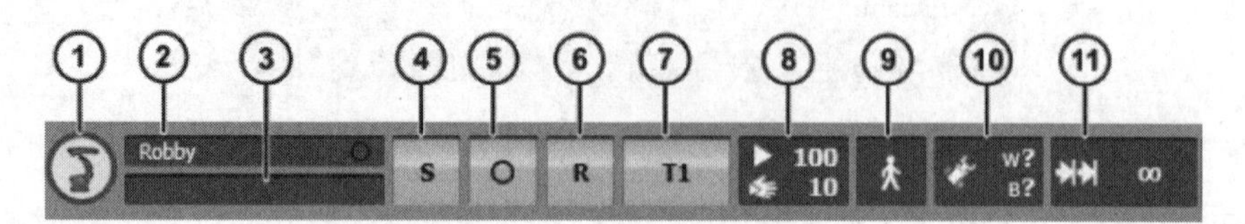

图 2.9　状态栏操作界面

表 2.5　功能介绍

序号	名称	说明
①	菜单键	点开图标显示主菜单，可设置机器人相关功能
②	机器人名称	显示机器人当前名称

续表

序号	名称	说明
③	加载程序名称	加载程序之后，会显示当前加载的程序名称
④	提交解释器状态显示	包含程序取消、停止、运行的显示状态
⑤	驱动状态显示	显示使能上电的状态
⑥	程序运行状态显示	主要用于显示程序内部的运行状态
⑦	模式状态显示	模式可以通过钥匙开关设置，模式可设置为手动模式、自动模式、外部模式
⑧	倍率修调显示	显示手动、自动模式的倍率修调值。触摸会打开设置窗口，可通过加/减键以1%的单位进行加减设置，也可通过滑块左右拖动设置
⑨	程序运行方式状态	显示当前程序运行方式状态，包括手动T1（手动慢速运行）、T2（手动快速运行）、AUT（自动运行）、AUT EXT（外部自动运行）
⑩	激活基坐标/工具显示	触摸会打开窗口，点击工具和基坐标选择相应的工具和基坐标进行设置
⑪	增量模式显示	在手动T1或者手动T2模式下触摸可打开窗口，点击相应的选项设置增量模式

2. 主菜单

调用主菜单，可点击示教器界面左上角“机器人”图标，也可以按示教器右下角按键。主菜单窗口说明，如图2.10所示。

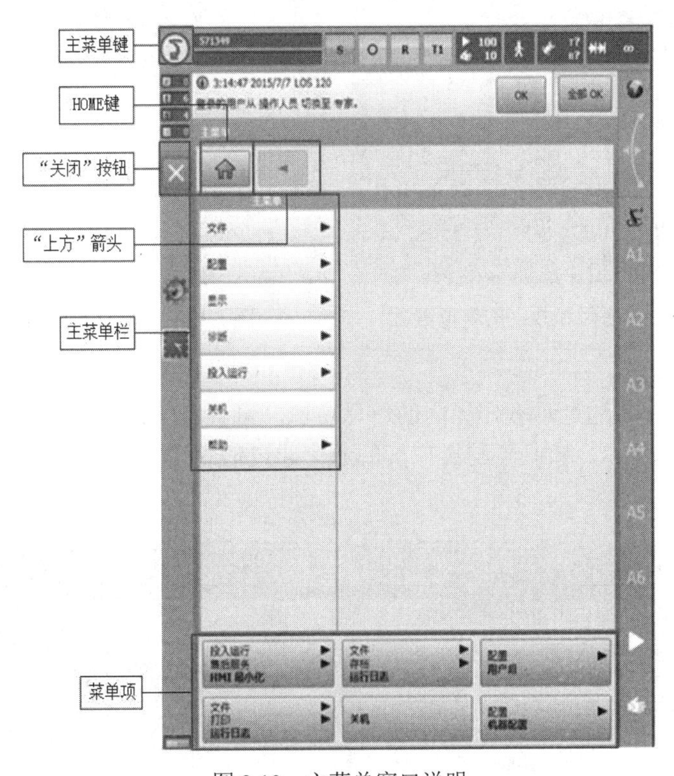

图2.10　主菜单窗口说明

（1）点击主菜单键，进入主菜单窗口。

（2）点击 HOME 键，显示下级菜单。

（3）点击“上方”箭头，可显示上一个打开的下级菜单。

（4）“菜单项”可直接选择，无须关闭已打开的下级菜单。

（5）点击“关闭”按钮可关闭菜单项窗口。

键盘调用及语言切换和用户组

3．键盘调用

SmartHMI 上隐藏了一个用于输入字母和数字的虚拟键盘，在用户操作过程中可自动识别显示需要的键盘类型。允许输入字母和数字的虚拟键盘如图 2.11 所示，只允许输入数字的虚拟键盘如图 2.12 所示。也可按示教器左侧有“笔”图案的按键调用虚拟键盘。

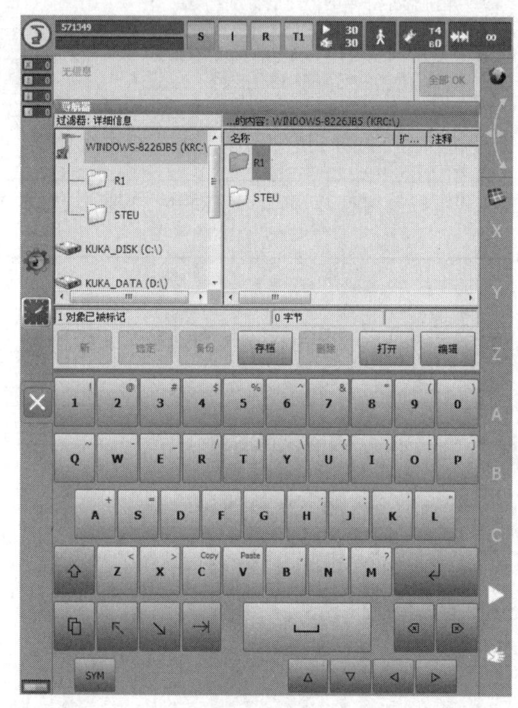

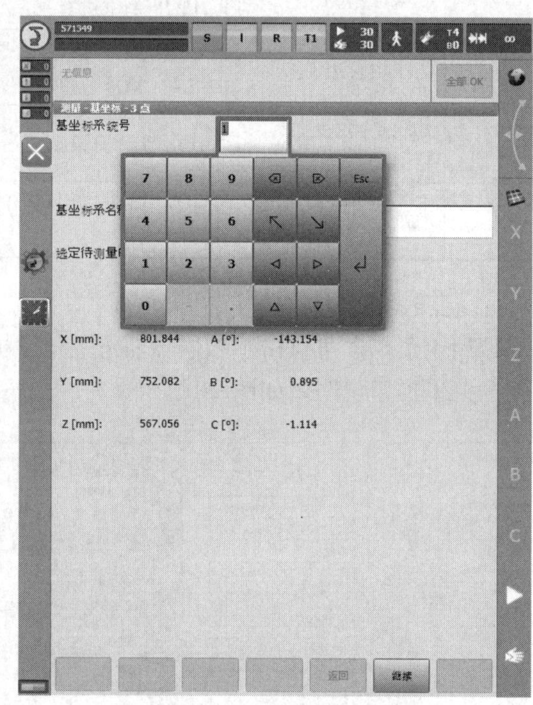

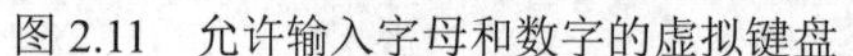

图 2.11　允许输入字母和数字的虚拟键盘　　　　图 2.12　只允许输入数字的虚拟键盘

4．信息提示概览

工业机器人操作者通过示教器界面的信息窗口，可查看 KUKA 机器人控制系统当前显示的信息，如图 2.13 所示。控制器与操作员的通信通过信息窗口实现，其中有五种信息提示类型，见表 2.6。

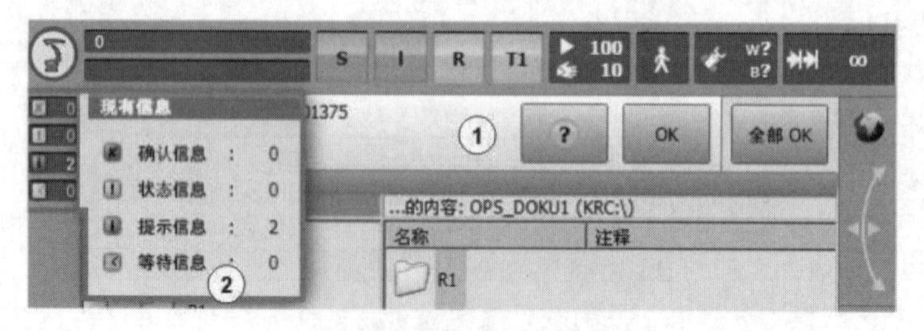

图 2.13　信息提示窗口

表 2.6　信息提示类型概览

图标	类型
	确认信息 △用于显示需操作员确认才能继续处理机器人程序的状态（例如：“确认紧急停止”） △确认信息始终引发机器人停止或抑制其启动
	状态信息 △状态信息报告控制器的当前状态（例如：“紧急停止”） △只要这种状态存在，状态信息便无法被确认
	提示信息 △提示信息提供有关正确操作机器人的信息（例如：“需要启动键”） △提示信息可被确认。只要它们不使控制器停止，则无需确认
	等待信息 △等待信息说明控制器在等待哪一事件（状态、信号或时间） △等待信息可通过点击“模拟”手动取消
	对话信息 △对话信息用于与操作员的直接通信/问询 △将出现一个含各种按键的信息窗口，用这些按键可给出各种不同的回答

5. 信息处理

信息会影响机器人的功能。确认信息始终引发机器人停止或抑制其启动。为了使机器人运动，首先必须对信息予以确认。指令 OK（确认）表示请求操作人员有意识地对信息进行分析。信息提示中始终包括日期和时间，以便为研究相关事件提供准确的时间，如图 2.14 所示。

对信息处理的建议：

（1）有意识地阅读。

（2）首先阅读较老的信息。较新的信息可能是老信息产生的后果。

（3）切勿轻率地点击“全部 OK”。

（4）在启动后仔细查看信息，在此过程中让所有信息都显示出来。

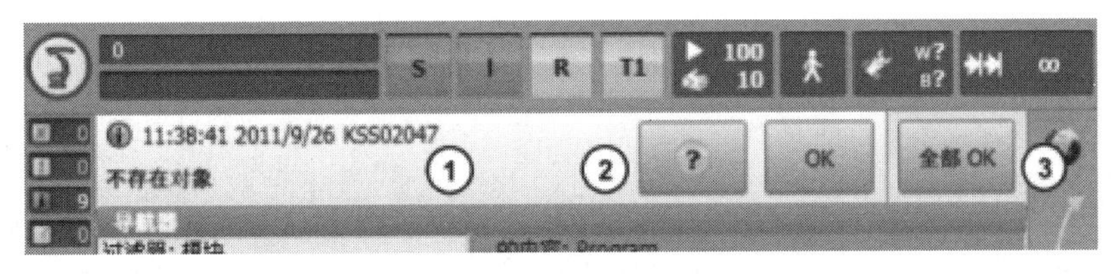

图 2.14　信息处理窗口

观察和确认信息提示的操作步骤：

（1）点击信息窗口以展开信息提示列表。

（2）确认：用“OK”来对各条信息提示逐条进行确认。或者：用“全部 OK”来对所有信息提示进行确认。

（3）再点击一下最上边的一条信息提示或点击屏幕左侧边缘上的“×”，将关闭信息提示列表。

（三）语言切换

示教器出厂时，默认的显示语言是英语。为了方便我们操作，下面介绍如何把显示语言设置为汉语的操作步骤。

（1）单击“机器人”图标，打开主菜单，如图 2.15 所示。

（2）选择“Configuration”选项，进入下级菜单，如图 2.16 所示。

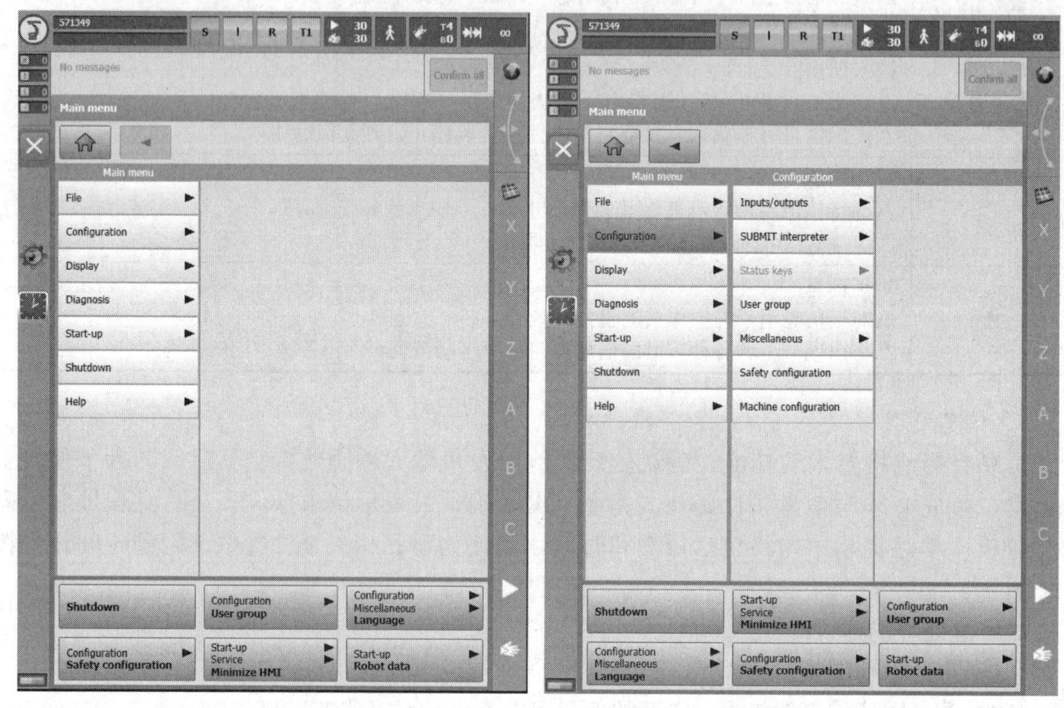

图 2.15　主菜单窗口　　　　图 2.16　选择“Configuration”选项

（3）选择“Miscellaneous”选项，进入下级菜单，并选择“Language”选项，如图 2.17 所示。

（4）进入语言选择界面后，选择“中文（中华人民共和国）”，并点击“OK”，即完成语种设置，如图 2.18 所示。

（四）用户组

机器人示教器里，用户组不同提供给操作人员的权限就不同。下面来介绍一下 KUKA 机器人用户组的几种类型。

（1）用户。操作人员用户组。此为默认用户组。

（2）专家。编程人员用户组。此用户组有密码保护。

（3）安全维护人员。该用户组可以激活和配置机器人的安全配置。此用户组有密码保护。

（4）安全调试员。只有当使用 KUKA.Safe Operation 或 KUKA.Safe Range Monitoring 时，该用户组才相关，并且该用户组有密码保护。

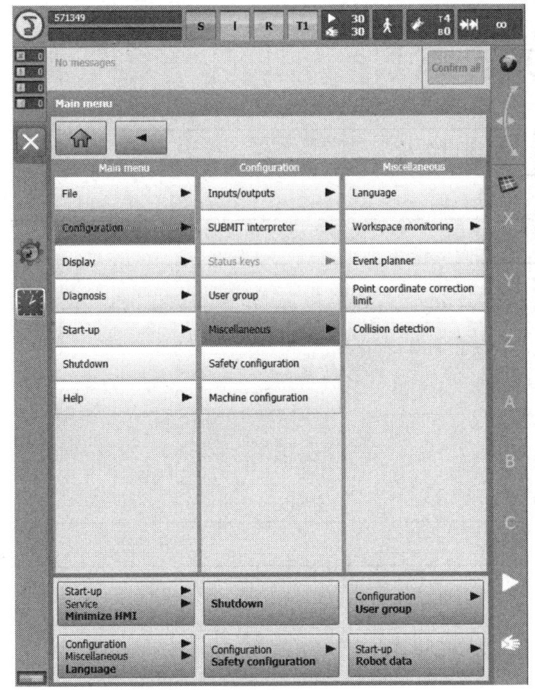

图 2.17 选择“Miscellaneous”选项

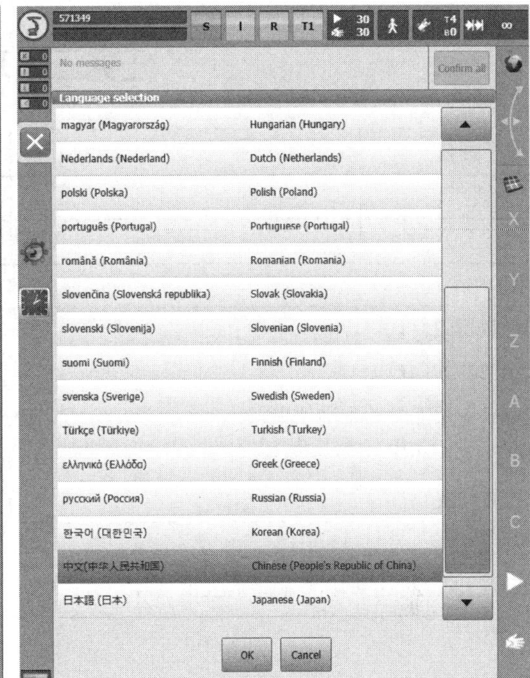

图 2.18 选择“中文（中华人民共和国）”

（5）管理员。功能与专家用户组一样。另外可以将插件（Plug-Ins）集成到机器人控制器中。此用户组有密码保护。

提示：密码默认为 kuka。

设置用户组的操作步骤如下：

（1）在主菜单中选择“配置→用户组”。

（2）点击需要的用户组模式，再点击“登录”。

（3）输入密码（默认为 kuka）并用登录确认。

任务三　项目测试

姓名		项目名称	
指导教师		小组人员	
时间		备注	
测试内容			
1.示教器硬件认识。 2.示教器的插拔。 3.示教器使能键的正确使用。 4.界面菜单介绍。 5.设置相关功能。			
测试解答			
1.机器人在运行中如何正确地插拔示教器？			
2.使能按键有几个档位？分别有什么功能？			
3.配置安全相关内容时应该登录什么用户组？			

项目考核点	评分
对示教器的硬件熟悉度	
对示教器的软件界面熟悉度	
使能上电是否稳定	
是否符合工业机器人操作规范	
解答题得分	
评分教师	

安全提示：请注意站在机器人工作范围以外进行示教操作，以防机器人突然动作误伤！

项目五　机器人轴运动

机器人轴运动讲解

机器人轴运动演示

【项目分析】

机器人具有较高自由度，本项目主要了解及熟悉六轴机器人的定义、作用，在机器人运动范围内用示教器进行六轴单独运动。

任务一　六轴机器人

【任务分析】

本任务主要对库卡 KR6 R700 型六轴机器人进行讲解，也作为本书中大部分所讲内容的参考设备。通过对六轴的介绍，以实际操作练习机器人轴的运动，以熟练运用各轴的运行方向及轴的运行方式。

（一）六轴机器人的介绍

1. 六轴机器人的定义

六轴机器人由伺服电机直接通过减速器、同步带轮等结构来驱动 6 个关节轴的旋转。常见的六轴机器人包含旋转（S 轴）、下臂（L 轴）、上臂（U 轴）、手腕旋转（R 轴）、手腕摆动（B 轴）和手腕回转（T 轴）。6 个关节合成实现末端的 6 自由度动作。

2. 六轴的作用

KUKA 机器人六轴示意位置图如图 2.19 所示。A1 至 A6 分别为机器人一轴至六轴，每一轴具有单独的运动作用。

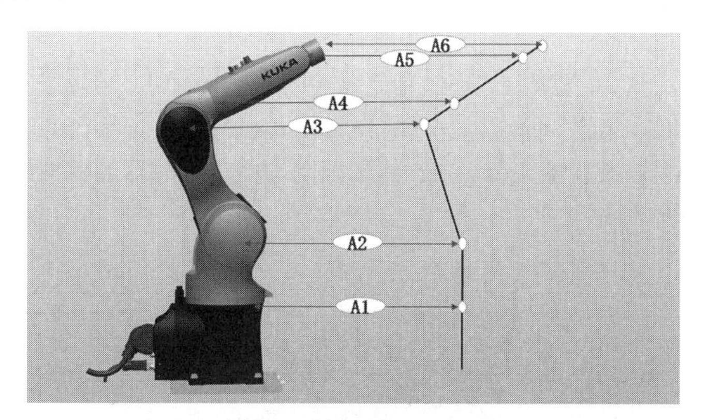

图 2.19　KUKA 机器人轴示意

主轴（A1、A2、A3）和腕轴（A4、A5、A6）由一个具有旋转变压器的循环绝对位置传感系统来定位。各轴具有不同的运动参数，KR6 R700 具体运动参数见表 2.7。

表 2.7 KR6 R700 运动参数

轴编号	运动范围	运动速度
A1	-170°～170°	360°/s
A2	-190°～45°	300°/s
A3	-156°～120°	360°/s
A4	-185°～185°	381°/s
A5	-120°～120°	388°/s
A6	-350°～350°	615°/s

A1 轴：此轴是连接底座的部分，做左右旋转运动。

A2 轴：此轴做前后旋转运动。

A3 轴：此轴做上下旋转运动。

A4 轴：此轴为左右旋转轴。

A5 轴：此轴控制上下微调的转动。

A6 轴：此轴做旋转运动，可 360°旋转。

（二）机器人轴限位

1. 软件限位

软件限位是软件中设定的各轴运动范围限值。了解机器人的运动学原理，就会知道关节机器人之所以能在空间里准确到达一个位置，依靠的是各个轴分别从零点开始旋转特定的角度，从而合成出最终的位置。注意，“零点”这个关键词意即每个关节开始运动的参考点，即0°。既然机器人可以自己计算每个轴从零点开始转了多少角度，那么自然就可以有一个新的参数：软件限位（相对应于机械限位）。可以设定正方向 P 度、负方向 N 度（即设定轴的活动范围），这样当机器人运动过程中一旦检测到超出这个范围，控制器就让机器人停下来，然后弹出相应错误信息提示超限位。软件限位小于机械限位，当软件限位失效后，机械限位就可以继续起到轴行程限制作用。

2. 机械限位

机械限位是机械上的位置限制，通常使用橡胶块防止硬冲击。例如：当 A1 轴撞上机械限位块（图 2.20），就可以起到一个缓冲作用，从而防止机械部件损坏。并不是每个轴都有机械限位，主轴 A1 至 A3 以及机器人腕轴 A5 的轴范围均由带缓冲器的机械终端止挡限定。外部轴上可安装另外的机械终端止挡。

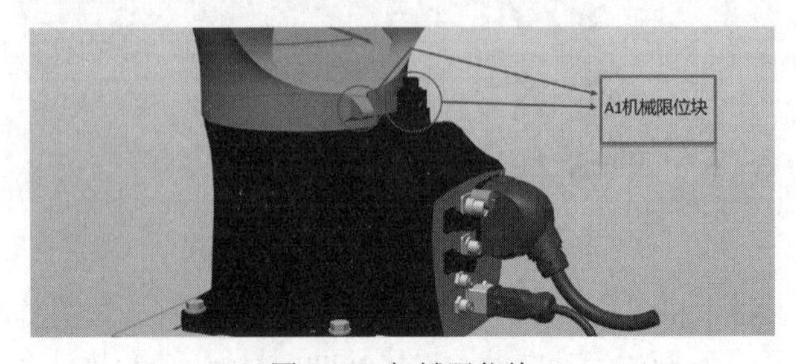

图 2.20 机械限位块

> **⚠危险** 如机器人或一个外部轴在行驶中撞到障碍物、机械终端止挡位置上或轴范围限制装置处的缓冲器，则会导致机器人系统受损。将机器人系统重新投入运行之前，需先联系库卡机器人公司。在继续运行工业机器人之前，被撞到的缓冲器必须立即用新的替换。如机器人（外部轴）以超过 250mm/s 的速度撞到缓冲器，则必须更换机器人。

（三）使用示教器进行轴运动

1. 机器人轴的运动

机器人六轴运动方向如图 2.21 所示。

（1）机器人的每根轴逐个沿正向和负向运动（注意限位及碰撞）。

（2）为此需要使用运行键或者 KUKA SmartPAD 的 3D 鼠标。

（3）机器人运行速度（手动倍率 HOV）可以更改。

（4）仅在 T1 运行模式下才能手动运行机器人。

（5）运动过程中要确保机器人确认键（使能按键）已经按下。

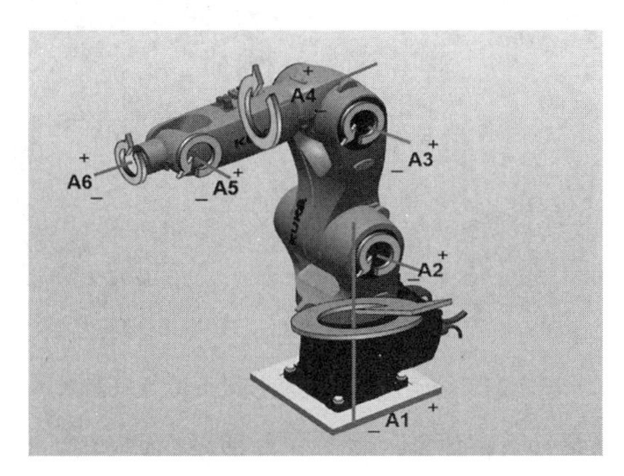

图 2.21　机器人六轴运动方向

2. 单独运行机器人各轴的操作步骤

（1）选择轴作为移动键的选项，在运行键和 KUKA SmartPAD 的 3D 鼠标键旁边屏幕中选择坐标系为轴，如图 2.22 所示。

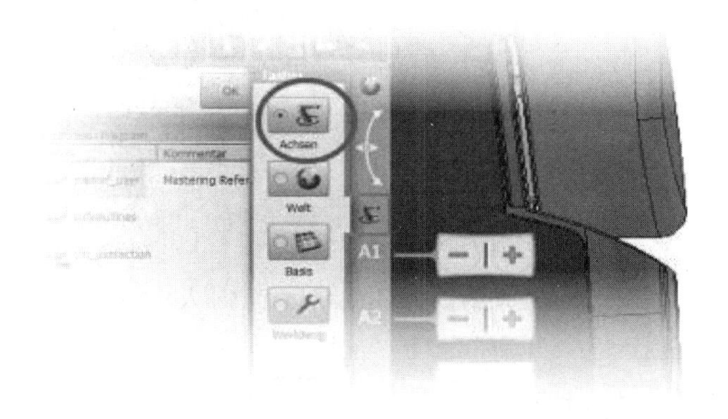

图 2.22　选择“轴”运行

（2）设定手动倍率，为防止运行速度过快导致碰撞。将手动运行速度调至低速运行，在示教器状态栏上点击“调节量”，更改手动倍率至合适值，如图 2.23 所示。

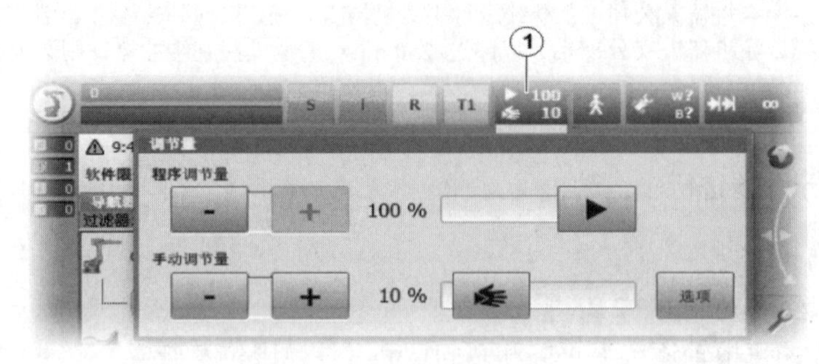

图 2.23　选择手动运行速度

（3）将确认开关（伺服开关）按至中间档位并按住，注意控制力度，如图 2.24 所示。

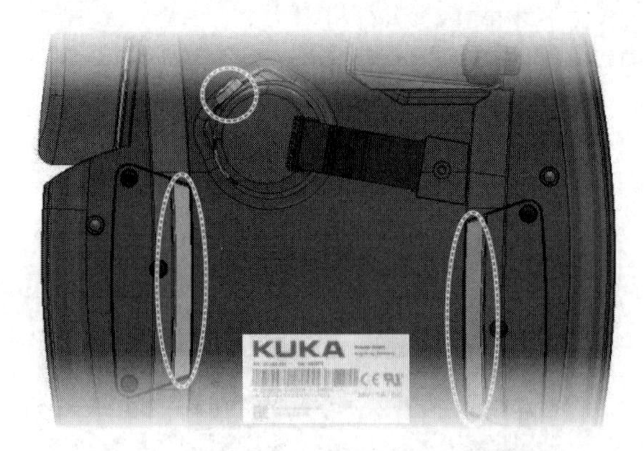

图 2.24　按确认键（使能按键）运行机器人

（4）在运行键旁将显示轴 A1 至 A6，按下正向或负向移动键，以使轴朝正向或负向运动，执行所需运动，如图 2.25 所示。

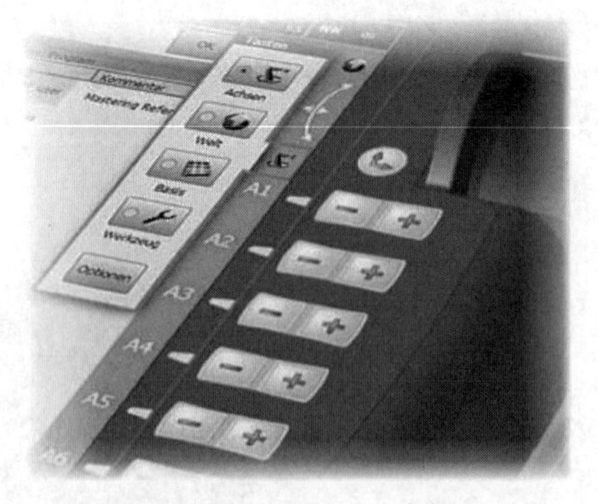

图 2.25　按运行键运行机器人

3. 运动注意事项

（1）检查机器人工作区域是否有人。

（2）确认 KCP 在 TI 模式。

（3）机器人的手动运行速度须设为低速运行。

（4）控制机器人运动时视线紧跟机器人。

（5）若发生机器人碰撞，应及时求助技术人员。

（6）运行时注意机器人的运动范围。

任务二　项目测试

<table>
<tr><td>姓名</td><td></td><td>项目名称</td><td></td></tr>
<tr><td>指导教师</td><td></td><td>小组人员</td><td></td></tr>
<tr><td>时间</td><td></td><td>备注</td><td></td></tr>
<tr><td colspan="4">测试内容</td></tr>
<tr><td colspan="4">1.熟悉轴位置及运动方向。
2.熟悉机器人限位。
3.正确启动伺服开关。
4.操作机器人一至六轴运动。</td></tr>
<tr><td colspan="4">测试解答</td></tr>
<tr><td colspan="4">1.简述 KR6 R700 机器人各轴的最大运行角度。</td></tr>
<tr><td colspan="4">2.简述机械限位的作用。</td></tr>
<tr><td colspan="4">3.简述轴运动机器人的注意事项。</td></tr>
<tr><td colspan="2">项目考核点</td><td colspan="2">评分</td></tr>
<tr><td colspan="2">对六轴熟悉度</td><td colspan="2"></td></tr>
<tr><td colspan="2">能否正确启动伺服电机</td><td colspan="2"></td></tr>
<tr><td colspan="2">速度是否设置正确</td><td colspan="2"></td></tr>
<tr><td colspan="2">对六轴运动的操作熟练度</td><td colspan="2"></td></tr>
<tr><td colspan="2">是否符合工业机器人操作规范</td><td colspan="2"></td></tr>
<tr><td colspan="2">解答题得分</td><td colspan="2"></td></tr>
<tr><td colspan="2">评分教师</td><td colspan="2"></td></tr>
</table>

安全提示：请注意站在机器人工作范围以外进行示教操作，以防机器人突然动作误伤！

项目六　机器人在坐标系中运动

【项目分析】

通过本项目的学习，学生能够理解机器人的不同坐标系；能根据需要正确地应用坐标系；能熟练地操作机器人且避免出现奇点运动的情况；能根据不同的操作需求选择持续移动或增量式移动，使机器人精确运动。

任务一　笛卡儿坐标系

【任务分析】

本任务主要讲解在机器人系统中笛卡儿坐标系的类别，通过在每一种坐标系下进行操作让机器人运动，了解每一种坐标系的不同之处。

（一）笛卡儿坐标系的类别

笛卡儿坐标系在工业机器人的操作、编程和投入运行时具有重要的意义。在 KUKA 机器人控制系统中定义了五种坐标系，见表 2.8。前 4 种坐标系示意图如图 2.26 所示。

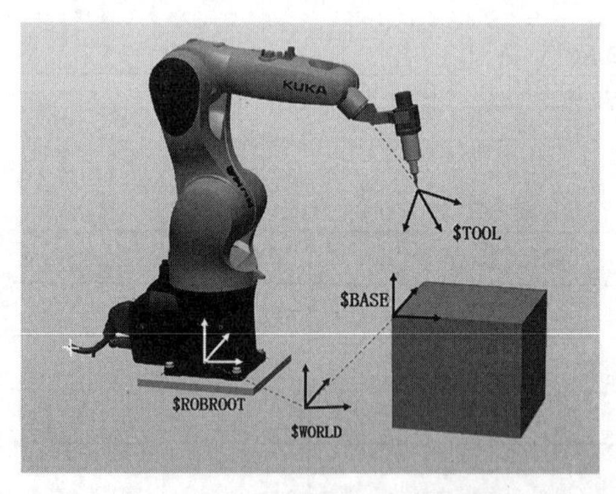

图 2.26　KUKA 机器人的坐标系

表 2.8　坐标系的分析

坐标系	分析
世界坐标系（WORLD）	世界坐标系可自由定义，应用在 ROBROOT 和 BASE 的原点，大多数情况下位于机器人足部
机器人足部坐标系（ROBROOT）	足部坐标系固定于机器人足内，应用于机器人的原点，说明了机器人在世界坐标系中的位置

续表

坐标系	分析
基坐标（BASE）	基坐标系可自由定义，应用在工件或者工装台上，说明了基坐标在世界坐标系中的位置
工具坐标系（TOOL）	工具坐标系可自由定义，应用于工具上，TOOL 坐标系的原点被称为 TCP（Tool Center Point，工具中心点）。在没有选择已经定义的工具坐标系时，工具原点始终为机器人法兰中心
法兰坐标系（FLANGE）	法兰坐标系固定于机器人法兰上，应用于 TOOL 的原点，说明了工具原点为机器人法兰中心

（二）世界坐标系下运动机器人

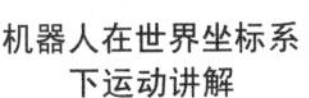

机器人在世界坐标系下运动讲解　　机器人在世界坐标系下运动演示

世界坐标系是一个固定的直角坐标系，默认设置世界坐标系位于机器人底部；机器人工具可以根据世界坐标系的坐标方向运动，在此过程中机器人的所有轴都会协调移动。

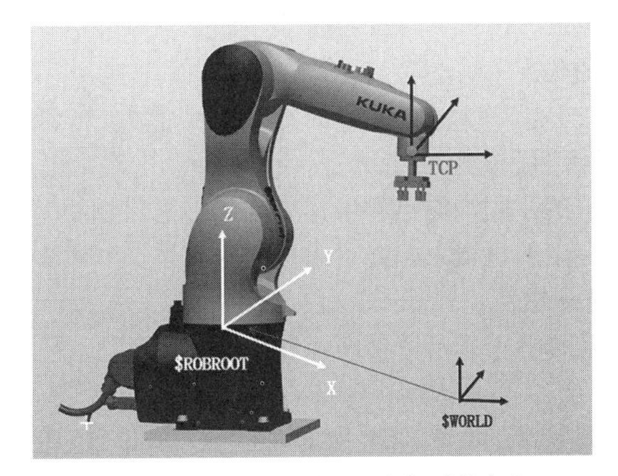

图 2.27　手动移动时世界坐标系的方向

1. 操作方式

在操作中可以用两种不同的操作方式来移动机器人——按键操作与 3D 鼠标操作。通过 3D 鼠标可以使机器人的运动变得直观明了，因此是坐标系中进行手动移动的不二之选，而且鼠标位置和自由度两者均可更改。

（1）使用按键，图 2.28 表达了按键在世界坐标系中所对应的方向关系。

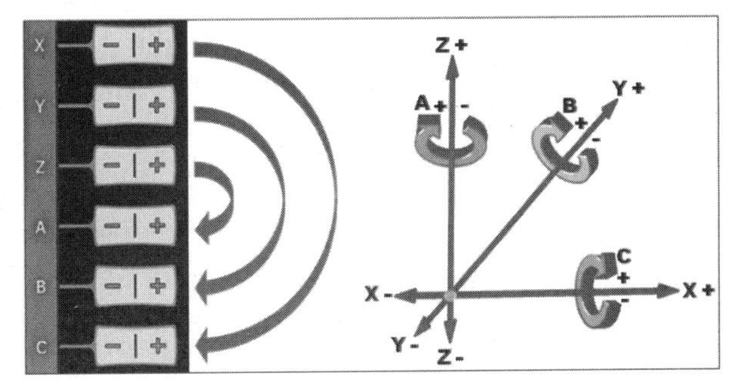

图 2.28　按键与世界坐标系的关系

（2）使用 3D 鼠标，图 2.29 表达了 3D 鼠标在世界坐标系中所对应的方向关系。

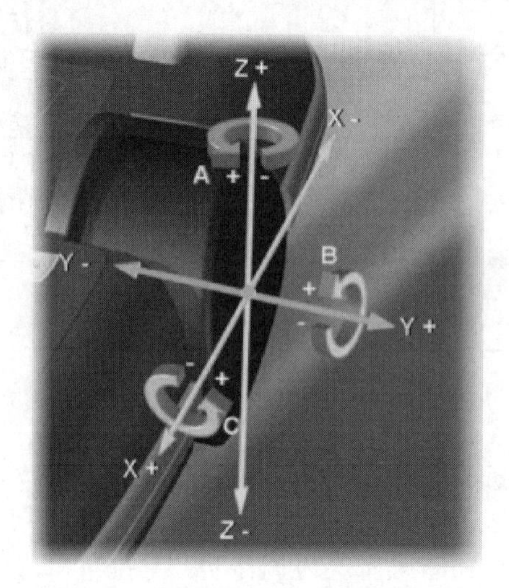

图 2.29 3D 鼠标与世界坐标系的关系

2. 使用世界坐标系的优点

优点如下：

（1）机器人的动作始终可预测。

（2）动作始终是惟一的，因为原点和坐标方向始终是已知的。

（3）对于经过零点标定的机器人始终可用世界坐标系。

（4）可用 3D 鼠标直观操作。

3. 在世界坐标系中使机器人手动运动的操作方法

操作方法如下：

（1）点击移动滑动调节器，设置 KCP 所面对机器人的位置，使得 3D 鼠标的操作与人面对机器人的操作方向一致，如图 2.30 所示。

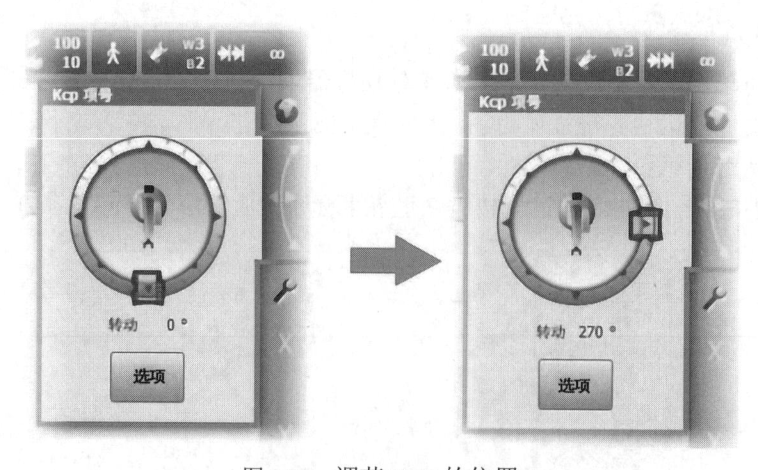

图 2.30 调节 KCP 的位置

（2）选择世界坐标系作为 3D 鼠标操作的选项，如图 2.31 所示。

图 2.31　为 3D 鼠标选择世界坐标系选项

（3）设置手动倍率，调节移动速度，如图 2.32 所示。

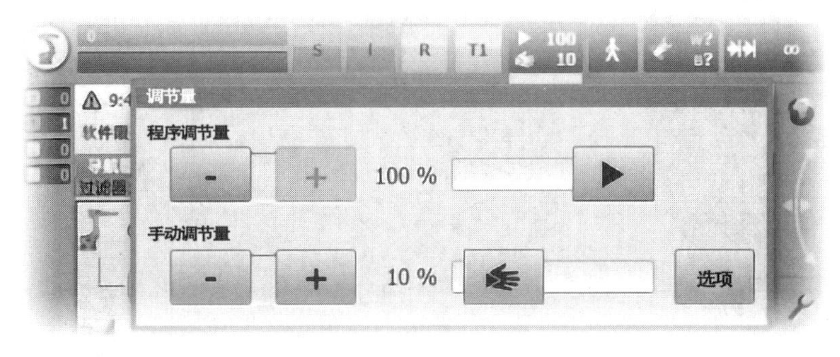

图 2.32　设置手动倍率

（4）按住 KCP 背面的确认开关（使能按键）至中间档位，激活伺服，如图 2.33 所示。

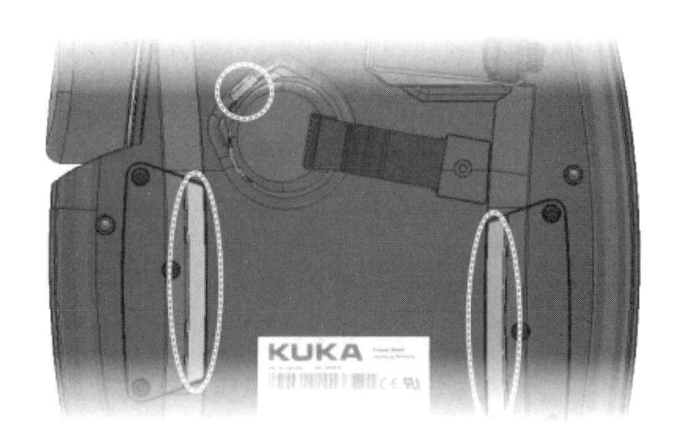

图 2.33　确认开关位置

（5）使用 3D 鼠标操作机器人移动。

1）如图 2.34 所示，沿坐标系的坐标轴方向平移（直线移动）：X、Y、Z。

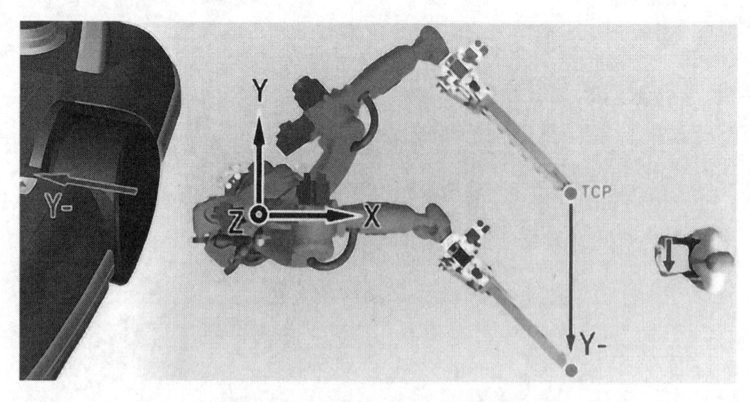

图 2.34　示例：向 Y-方向运动

2）如图 2.35 所示，环绕坐标系的坐标轴方向转动（旋转/回转）：A、B、C。

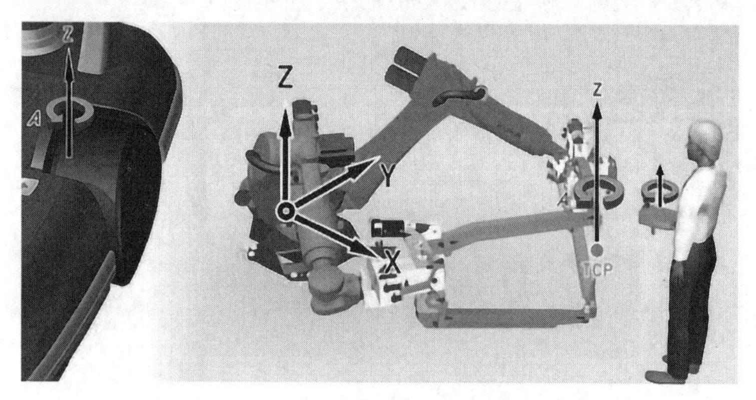

图 2.35　示例：绕 Z 轴的旋转运动：转角 A

（6）此外也可以用移动键来操作机器人运动，如图 2.36 所示。

图 2.36　KCP 上的移动键

工具坐标系运动讲解

工具坐标系运动演示

（三）工具坐标系下运动机器人

工具坐标系是用来定义工具中心原点的位置和工具姿态的坐标系，如图 2.37 所示。工具坐标系的原点被称为 TCP，并与工具的工作点相对应。在工具坐标系中手动移动时，可根据之前所测工具的坐标方向移动机器人。因此，坐标系并非固定不变（例如世界坐标系或基坐标系），而是由机器人引导。在此过程中，所有需要的机器人轴也会自行移动。哪些轴会自行移动由系统决定，并因运动情况不同而异。

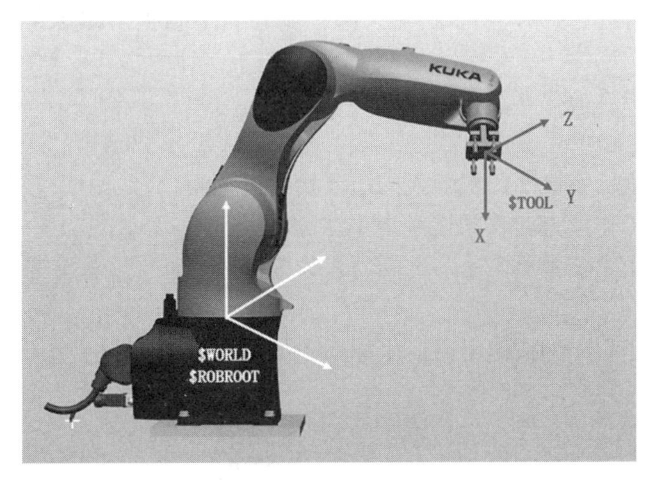

图 2.37 机器人上的工具坐标系

工具坐标系必须事先进行设定。在没有定义的时候，将由默认工具坐标系来替代该坐标系，也就是说未经测量的工具坐标系始终等于法兰坐标系。

图 2.38 未经测量的工具坐标系始终等于法兰坐标系

1. 如何理解工具中心点

要想让机器人完成指定的生产任务，通常要在机器人的末端固定一个工具，比如焊接机器人的焊枪、涂胶机器人的胶枪、搬运机器人的夹具等。由于各种工具的大小、形状各不相同，这样就产生一个问题：如何选择一个点来代表整个工具呢？

工具中心点的英文名为 Tool Central Point，缩写为 TCP。初始状态的工具中心点是工具坐标系的原点，当我们以手动或者编程的方式让机器人去接近空间的某一点，其本质是让工具中心点去接近该点。因此，可以说机器人的轨迹运动就是工具中心点的运动。

同一个机器人可以因为挂载不同的工具，而有不同的工具中心点；但是同一时刻，机器人只能处理一个工具中心点。比如使用不同尺寸的焊枪，其枪口的位置肯定是不相同的，所以一次也只能使用一把焊枪。

工具中心点有两种基本类型：移动式 TCP 和静态 TCP。移动式 TCP 比较常用，它的特点是会随着机器人手臂的运动而运动，比如焊接机器人的焊枪、搬运机器人的夹具等都是移动式TCP。静态 TCP 是以机器人本体以外的某个点作为中心点，机器人携带工件围绕该点做轨迹运动。比如某些涂胶工艺中，胶枪喷嘴是固定的，机器人抓取工件围绕胶枪喷嘴做轨迹运动，该胶枪喷嘴就是静态 TCP。

不同的工具有不同的数据，所以机器人都有多个 TCP 数据，KUKA 机器人可供选择的工具坐标系有 16 个。

2. 使用工具坐标系的优点

优点如下：

（1）只要工具坐标系已知，机器人的运动始终可预测。

（2）可以沿工具作业方向移动或者绕 TCP 调整姿态。

3. 在工具坐标系中使机器人手动运动的操作方法

操作方法如下：

（1）选择“工具”作为按键所用的坐标系，如图 2.39 所示。

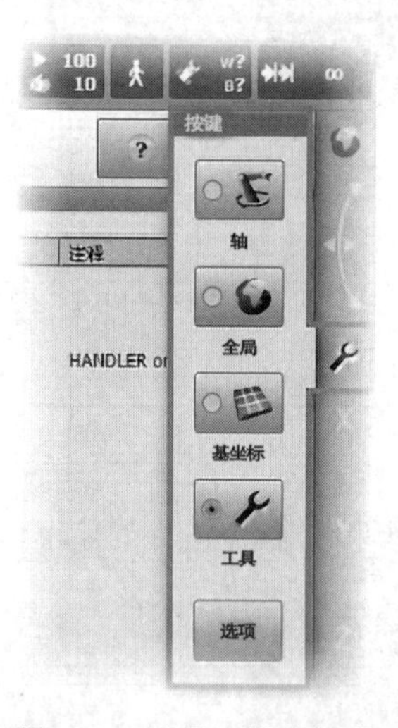

图 2.39　选择工具坐标系

（2）选择需要使用的工具编号，如图 2.40 所示。

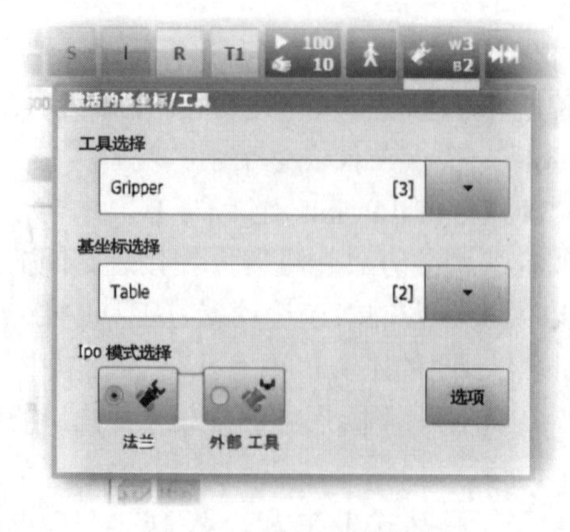

图 2.40　选择工具编号

（3）设置手动倍率，调节移动速度，如图 2.41 所示。

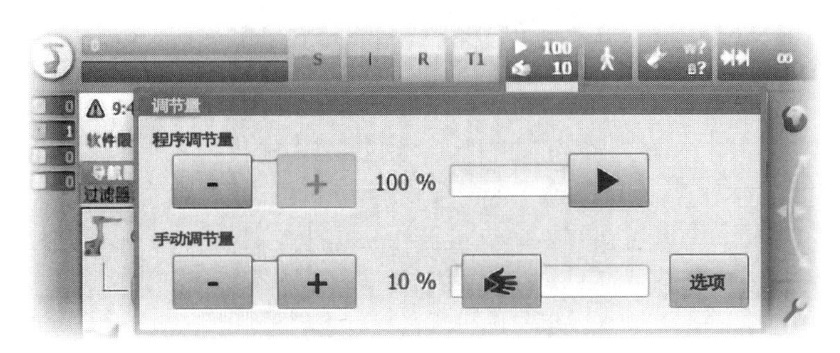

图 2.41　设置手动倍率

（4）按住 KCP 背面的确认开关（使能按键）至中间档位，激活伺服，如图 2.42 所示。

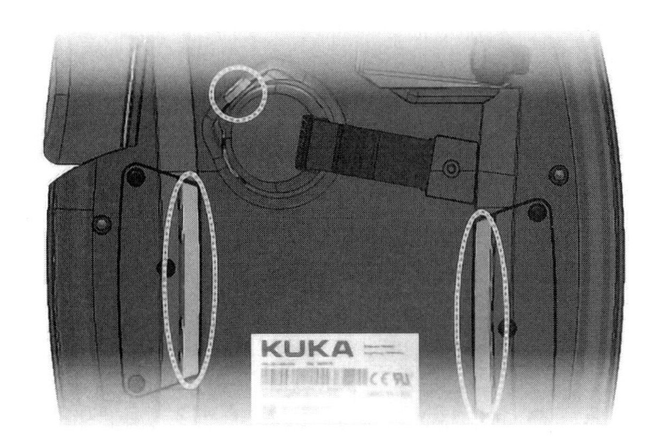

图 2.42　确认开关位置

（5）使用移动键来操作机器人运动，如图 2.43 所示。

图 2.43　KCP 上的移动键

（6）此外也可以用 3D 鼠标来操作机器人运动，如图 2.44 所示。

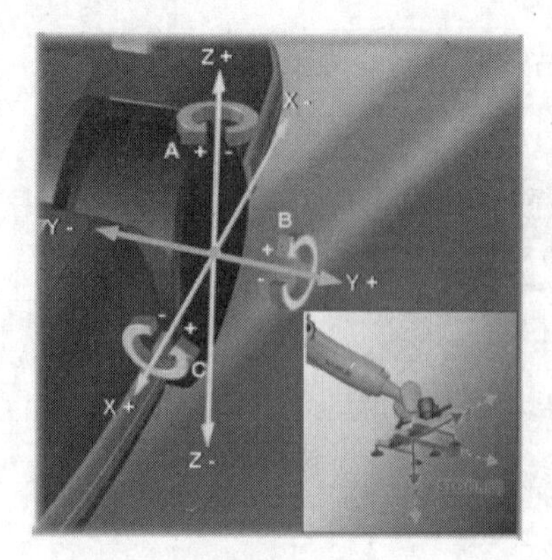

图 2.44　3D 鼠标与工具坐标系关系

基坐标运动讲解

基坐标运动演示

（四）基坐标系下运动机器人

基坐标系是以目标工件或工作台为基准的直角坐标系。机器人的工具可以根据基坐标系的坐标方向运动。基坐标系可以被单个测量，并可以经常沿工件边缘、工件支座或者货盘调整姿态，如图 2.45 所示。由此可以进行舒适的手动移动，在此过程中所有需要的机器人轴也会自行移动。哪些轴会自行移动由系统决定，并因运动情况不同而异。

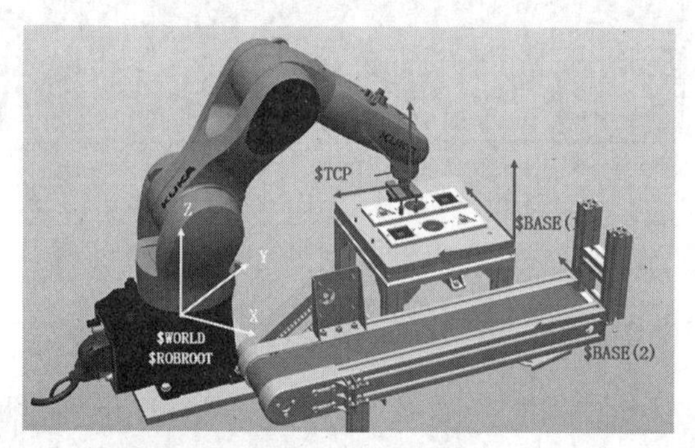

图 2.45　基坐标运用

不同的工件或工作台也可以有不同的基坐标，如图 2.46 所示。程序运行轨迹可根据不同的基坐标系进行切换，也可根据当前基坐标进行偏移。可供选择的基坐标系有 32 个。

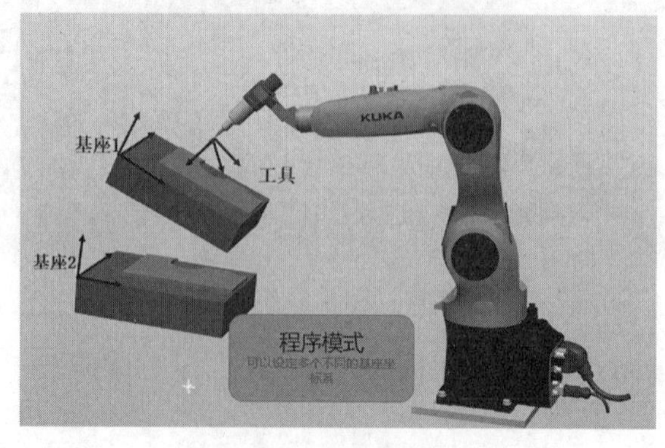

图 2.46　不同的基坐标

1. 使用基坐标系的优点

优点如下：

（1）只要基坐标系已知，机器人的动作始终可预测。

（2）也可用3D鼠标直观操作，前提条件是操作员必须相对机器人以及基坐标系正确站立。

2. 在工具坐标系中使机器人手动运动的操作方法

操作方法如下：

（1）选择“基坐标”作为按键所用的坐标系，如图2.47所示。

图2.47　选择基坐标系

（2）选择需要使用的基坐标编号及工具坐标编号，如图2.48所示。

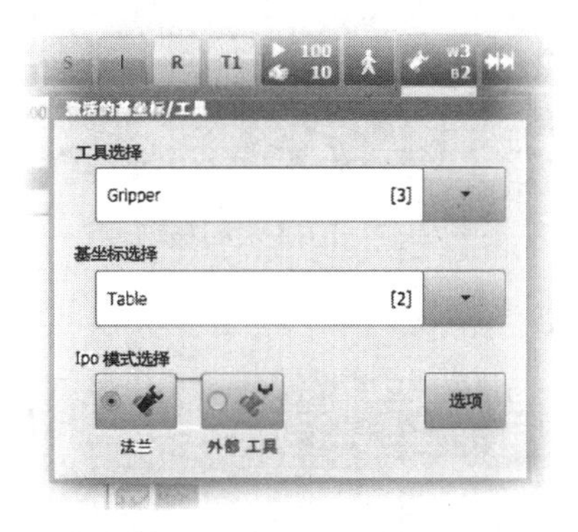

图2.48　选择基坐标编号及工具编号

（3）设置手动倍率，调节移动速度，如图2.49所示。

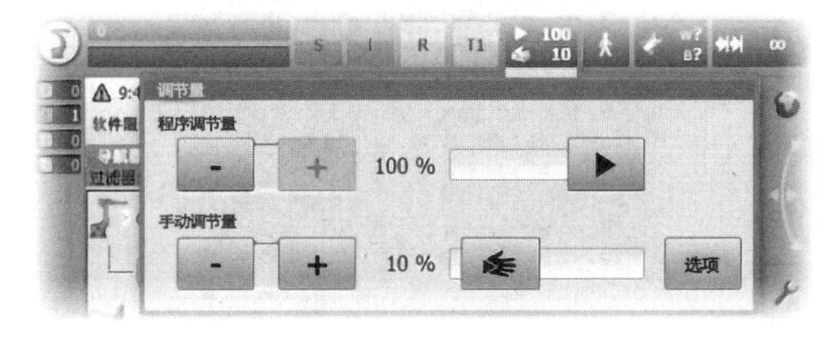

图2.49　设置手动倍率

（4）按住 KCP 背面的确认开关（使能按键）至中间档位，激活伺服，如图 2.50 所示。

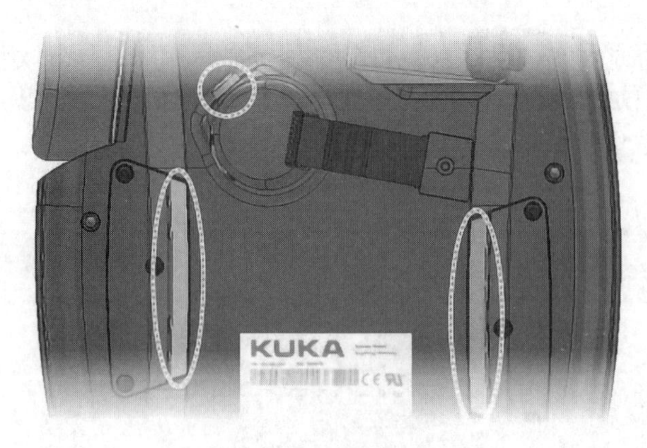

图 2.50　确认开关位置

（5）使用移动键来操作机器人运动，如图 2.51 所示。

图 2.51　KCP 上的移动键

（6）此外也可以用 3D 鼠标来操作机器人运动，如图 2.52 所示。

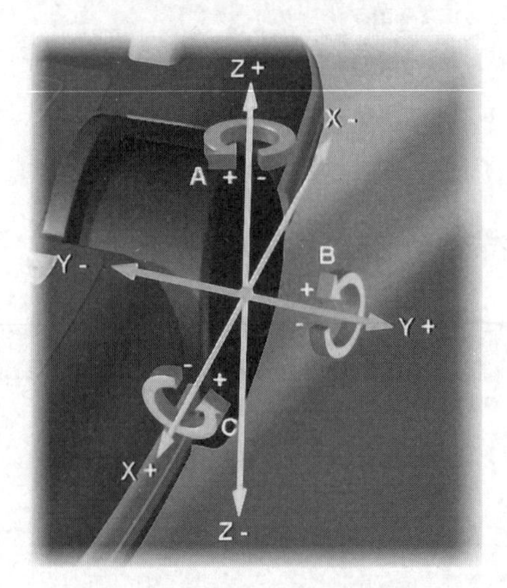

图 2.52　3D 鼠标与基坐标系关系

任务二　增量式手动运动

【任务分析】

本任务介绍了机器人的一种增量移动的方法，通过对操作步骤的讲解，掌握其使用方法和使用场合。

（一）增量式移动

通常我们在操作机器人移动时，机器人的动作都是持续性的移动。那么在增量模式下操作机器人移动，移动键每按一次或者 3D 鼠标移动一次，机器人就移动一步（增量），机器人移动一步的距离由选择的增量值决定。

（二）增量值选择

KUKA 机器人系统有四种可选增量值，可根据增量移动所需要的距离进行选择。

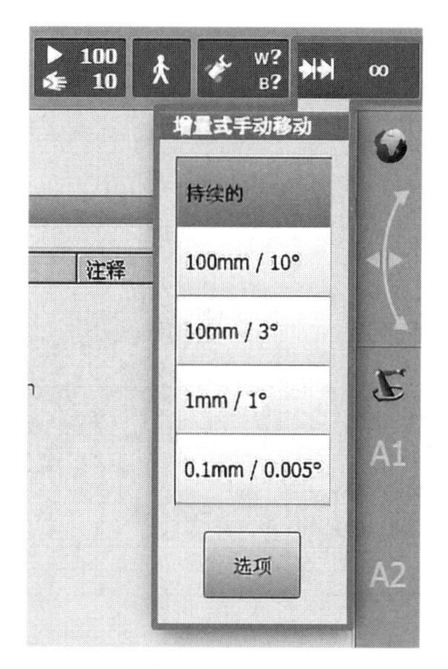

图 2.53　增量值

（三）增量式手动运动的操作步骤

操作步骤如下：

（1）为按键操作选择需要使用的坐标系，如图 2.54 所示。

（2）选择增量值，如图 2.55 所示。

（3）设置手动倍率，调节移动速度，如图 2.56 所示。

（4）按住 KCP 背面的确认开关（使能按键）至中间档位，激活伺服，如图 2.57 所示。

（5）使用移动键来操作机器人增量运动，如图 2.58 所示。

（6）此外也可以用 3D 鼠标来操作机器人增量运动，如图 2.59 所示。

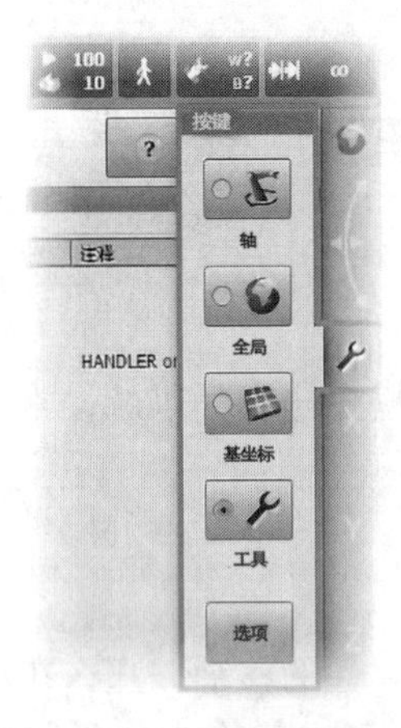

图 2.54　选择坐标系

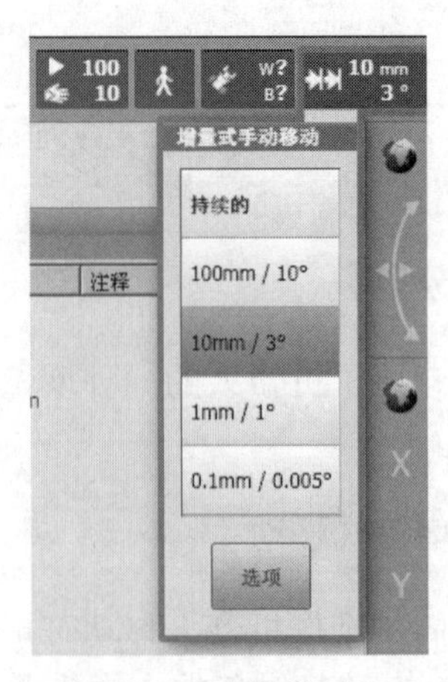

图 2.55　选择增量值

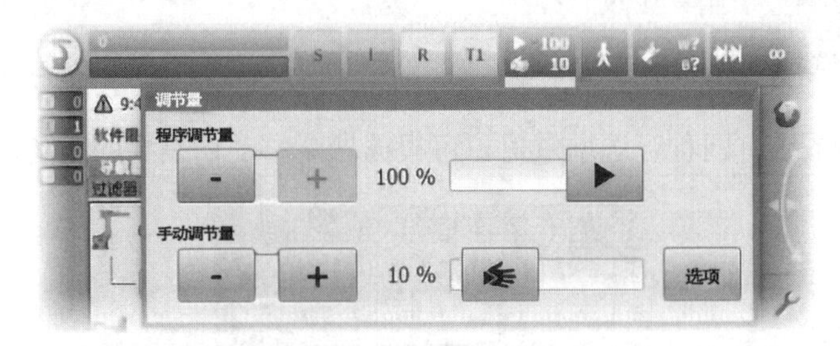

图 2.56　设置手动倍率

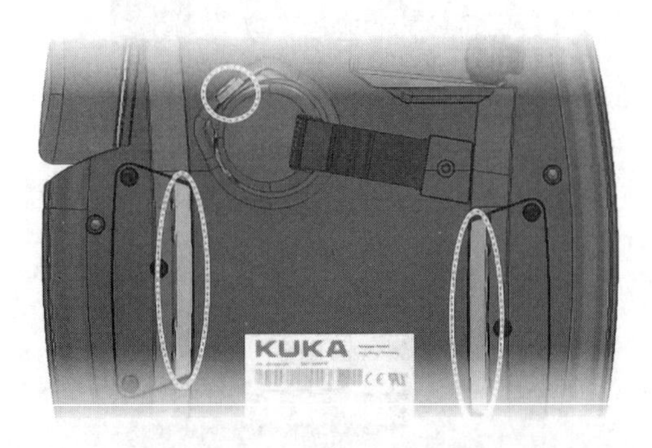

图 2.57　确认开关位置

图 2.58　使用移动键操作

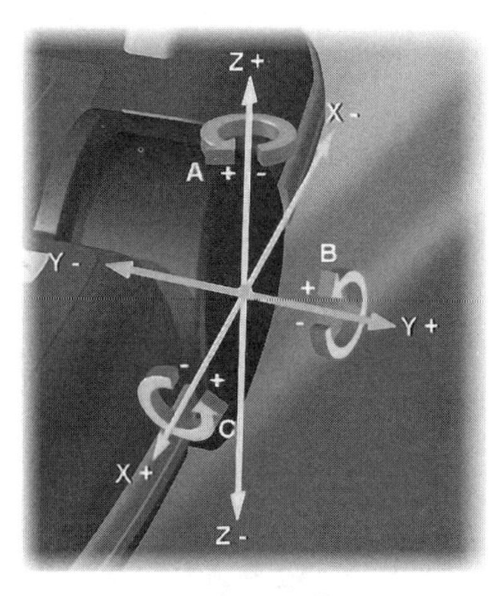

图 2.59 使用 3D 鼠标操作

任务三 机器人奇点

机器人奇点演示

机器人奇点演示

【任务分析】

有着 6 个自由度的 KUKA 机器人具有 3 个不同的奇点位置。在给定状态和步骤顺序的情况下，也无法通过逆向运算（将笛卡儿坐标转换成轴坐标值）得出唯一数值时，即可认为是一个奇点位置。这种情况下或者当最小的笛卡儿变化也能导致非常大的轴角度变化时，为奇点位置。奇点不是机械特性而是数学特性，因此奇点只存在于轨迹运动范围内，而在轴运动时不存在。

（一）顶置奇点 α1

在顶置奇点位置时，腕点（即轴 A5 的中点）垂直于机器人的轴 A1，如图 2.60 所示。轴 A1 的位置不能通过逆向运算明确方向，因此可以赋以任意值。

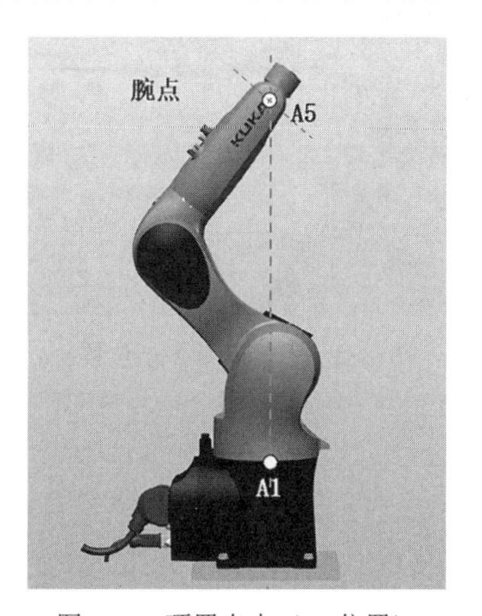

图 2.60 顶置奇点（α1 位置）

（二）延伸位置奇点 α2

对于延伸位置奇点来说，腕点（即轴 A5 的中点）位于机器人轴 A2 和 A3 的延长线上，如图 2.61 所示。机器人处于其工作范围的边缘，通过逆向运算将得出唯一的轴角度，但较小的笛卡儿速度变化将导致轴 A2 和 A3 较大轴速变化。

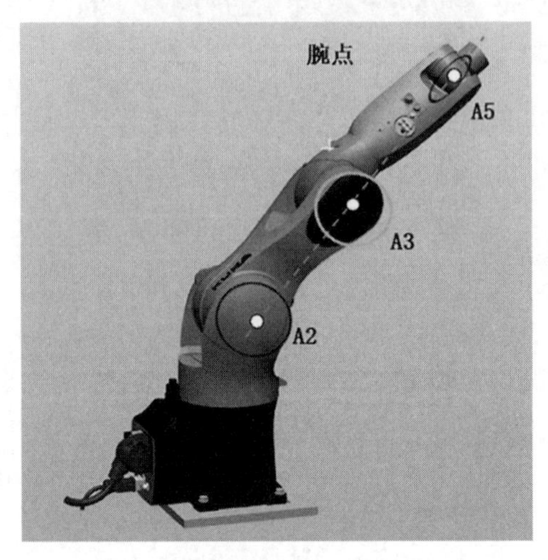

图 2.61　延伸位置（α2 位置）

（三）手轴奇点 α5

通过逆向运算无法明确两轴的位置，如图 2.62 所示。轴 A4 和 A6 的位置可以有任意多的可能性，但其轴角度总和均相同。

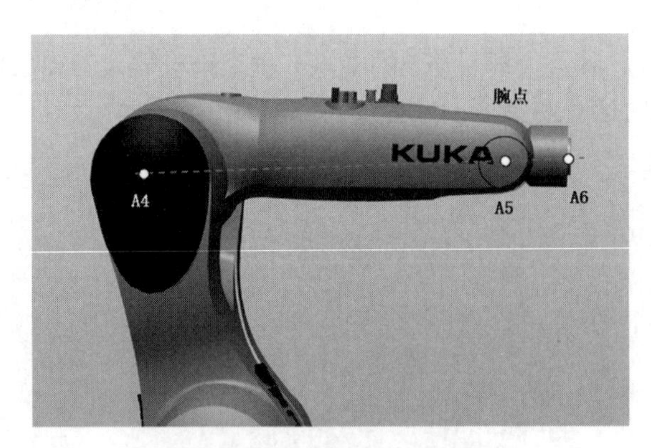

图 2.62　手轴奇点（α5 位置）

任务四　项目测试

姓名		项目名称	
指导教师		小组人员	
时间		备注	
测试内容			
1.在世界坐标系下运动。 2.在工具坐标系下运动 3.在基坐标系下运动。 4.增量式手动移动。			
测试解答			
1.如何避免奇点位置？			
2.手轴奇点指什么？			
3.工具坐标系的作用有哪些？			

项目考核点	评分
对机器人坐标系的理解	
对奇点位置的理解	
速度是否设置正确	
对增量式移动操作熟练度	
是否符合工业机器人操作规范	
解答题得分	
评分教师	

安全提示：请注意站在机器人工作范围以外进行示教操作，以防机器人突然动作误伤！

第三单元　机器人运动编程

【单元重点】

- 讲解新建程序。
- 讲解程序文件编辑。
- 介绍程序状态栏。
- 介绍程序运行。
- 工业机器人基本运动的三种指令运动。
- 介绍节拍优化。

【学习目标】

- 能新建程序，了解程序模块的属性，理解程序打开和选定模式。
- 能编辑程序文件、备份程序、整理程序文件。
- 能初始化运行程序，掌握解释器状态的含义。
- 能根据需要选择相应的运行模式和设定运行速度。
- 掌握机器人的 PTP、LIN、CIRC 运动指令。
- 能够合理地使用轨迹逼近功能来减少运行时间节拍。

项目七　程序文件的使用

新建程序模块

【项目分析】

程序文件的使用包括程序新建、模块属性及程序文件的编辑，它是编程的前提条件，我们只有通过新建的程序才可以对机器人进行编程操作。本项目详细地讲解了程序文件使用的各项操作步骤。

任务一　新建程序

【任务分析】

通过本任务的学习，学会创建程序，了解程序模块属性，可以依据编程所需选择正确的程序模块，以及程序打开的方式及作用；更重要的是理解程序的打开方式和选定方式是有所区别的。

（一）新建程序模块

新建文件夹的操作步骤（图 3.1）：

（1）在目录结构中选定要在其中创建新文件夹的文件夹，例如文件夹 R1。

（2）点击“新”按钮。

（3）给出文件夹的名称，并点击“OK”确认。

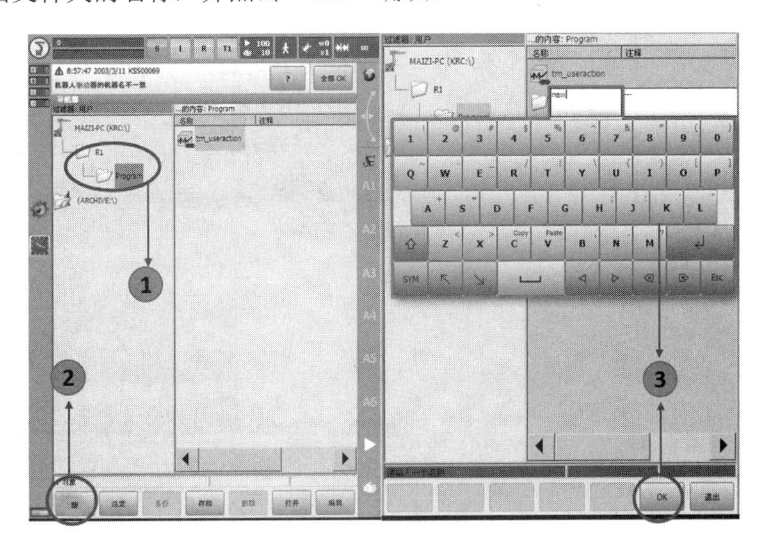

图 3.1　新建文件夹

导航器目录结构如图 3.2 所示，新建程序操作步骤（图 3.3）：

（1）在导航器目录结构中选定要在其中建立程序的文件夹。

（2）点击“新”按钮。

（3）输入程序名称，并点击“OK”确认。

（4）仅限在专家用户组中：窗口选择模板将自动打开，选定所需模板并点击“OK”确认（图 3.4）。

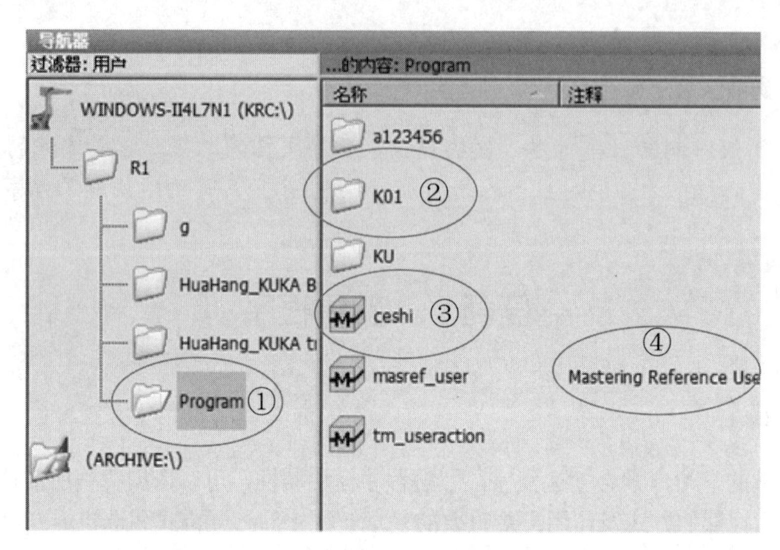

①程序的主文件夹；②其他程序的子文件夹；③程序模块/模块；④程序模块的注释

图 3.2 导航器目录结构

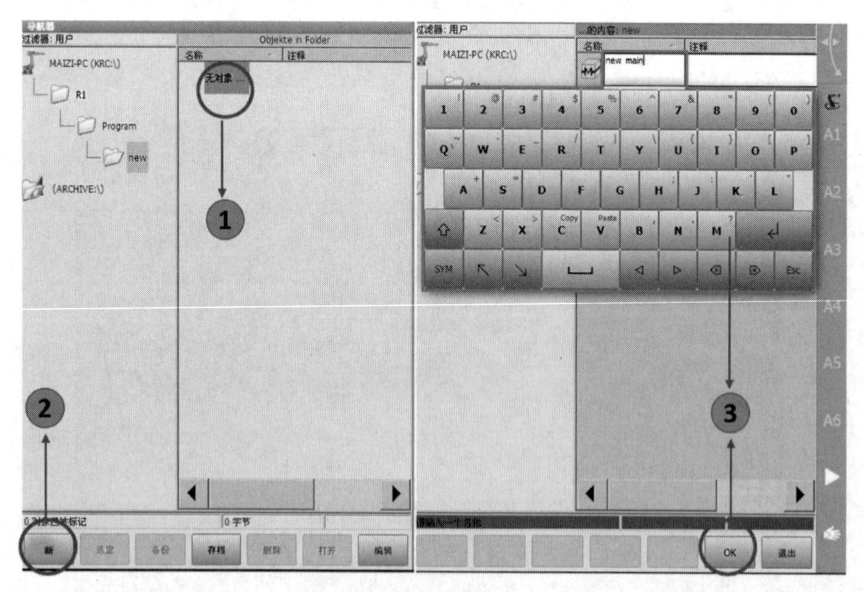

图 3.3 新建程序

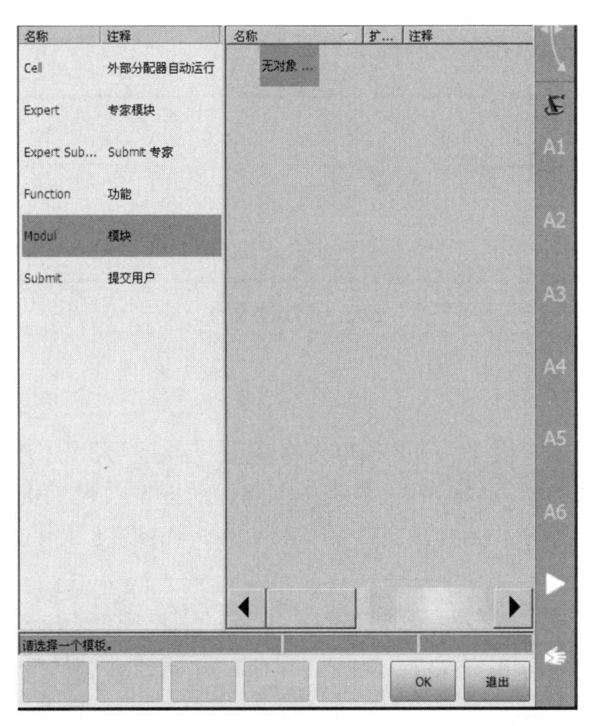

图 3.4　模板选择

（二）程序模块的属性

程序模块包括 SRC 文件和 DAT 文件，如图 3.5 所示。

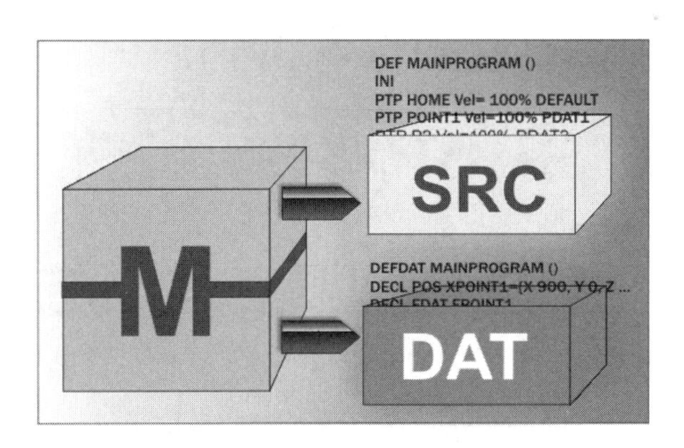

图 3.5　程序模块结构简图

SRC 文件中含有程序源代码，如图 3.6 所示。

```
DEF MAINPROGRAM ( )
INI
PTP HOME Vel=100% DEFAULT
PTP POINT1 Vel=100% PDAT1 TOOL[1] BASE[2]
PTP P2 Vel=100% PDAT2 TOOL[1] BASE[2]
…
END
```

图 3.6　SRC 文件

DAT 文件中含有固定数据和点坐标，如图 3.7 所示。

```
DEF MAINPROGRAM ( )
DECL E6POS XPOINT1={X 900, Y 0, Z 800, A 0, B 0, C 0, S 6, T 27, E1 0, E2 0,
E3 0, E4 0, E5 0, E6 0}
DECL FDAT FPOINT1 …

…
ENDDAT
```

图 3.7 DAT 文件

（三）选定和打开程序

选定和打开程序

如果要执行一个机器人程序，则必须事先将其选中。机器人程序在导航器中的用户界面上提供选择。通常，在文件夹中创建运动程序。Cell 程序（由 PLC 控制机器人的管理程序）始终在文件夹“R1”中，如图 3.8 所示。

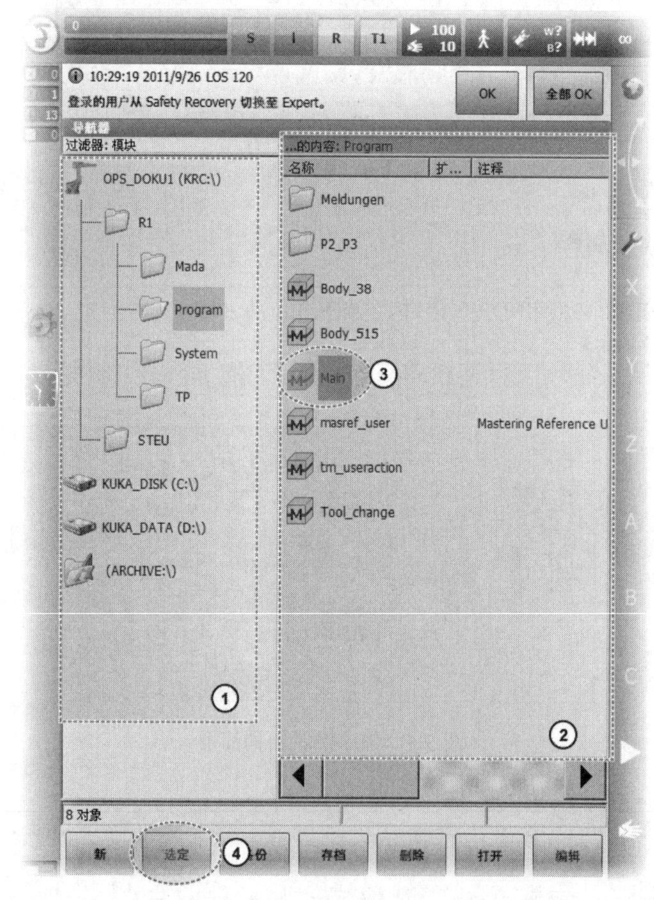

①导航器：文件夹/硬盘结构；②导航器：文件夹/数据列表；③选中的程序；④用于选择程序的按键

图 3.8 导航器

1. 程序已选定

选定程序后界面如图 3.9 所示。

（1）语句指针将被显示。

（2）程序可以启动。

（3）可以有限地对程序进行编辑，选定的程序适用于应用人员进行编辑，如不允许使用多行的 KRL 指令。

（4）在取消选择时，无需回答安全提问即可更改应用。如果对不允许的内容进行更改了或者编程，则会显示出一则故障信息。

如果在专家用户组中对一个选定程序进行了编辑，则在编辑完成后必须将光标从被编辑行移至另外任意一行中，只有这样才能保证在程序被取消选择时可以保存编辑内容。

2. 程序已打开

选定程序后界面如图 3.10 所示。

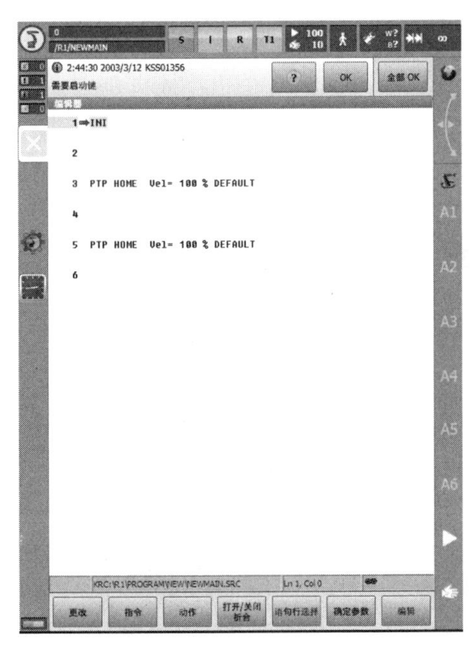

图 3.9　程序选定

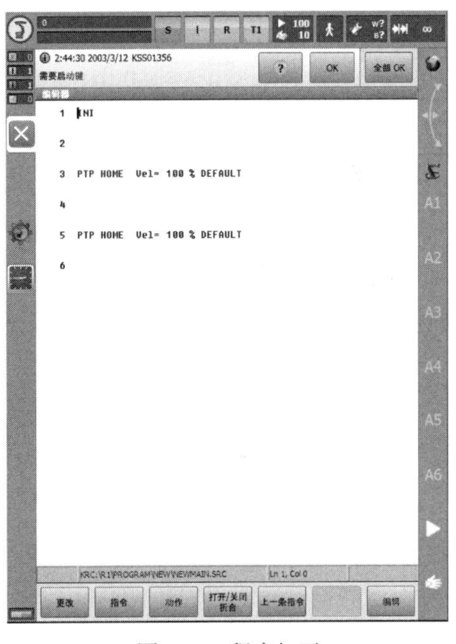

图 3.10　程序打开

（1）程序不能启动。

（2）程序可以编辑，打开的程序适用于专家用户组进行编辑。

（3）关闭时会弹出一个安全询问，可以应用或取消更改。

3. 程序已选定时，此状态与导航器相互切换的步骤

步骤如下：

（1）从程序切换到导航器：选择菜单序列编辑→导航器。

（2）从导航器切换到程序：点击程序。

4. 程序已打开时，此状态与导航器相互切换的步骤

步骤如下：

（1）从程序切换到导航器：选择菜单序列编辑→导航器。

（2）从导航器切换到程序：点击编辑器。

注意：必须先停止正在运行或已暂停的程序，才能使用这里提及的菜单序列和按键！

任务二 编辑程序文件

【任务分析】

通过这个任务的学习，能够对程序文件进行编辑，还能够对工业机器人进行程序备份；建议学会整理程序文件，使用文件夹进行分类存储；机器人可能会因多类问题引发程序出错，所以需要养成备份的好习惯。

（一）程序改名的操作步骤

程序改名的操作步骤如图 3.11 所示。

（1）在文件夹结构中选中文件所在的文件夹。

（2）在文件列表中选中文件。

（3）选择“编辑”→“改名”。

（4）用新的名称覆盖原文件名，并点击“OK”确认。

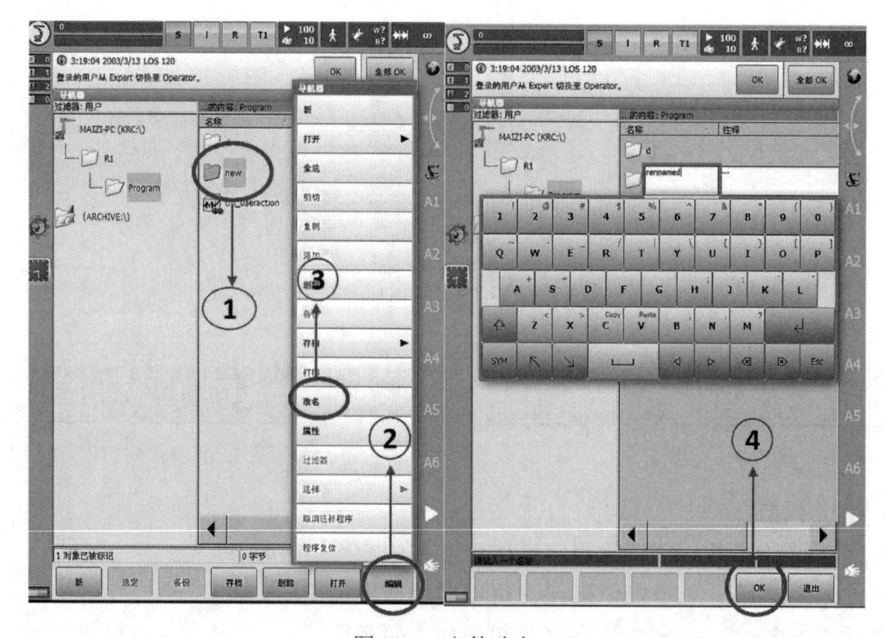

图 3.11 文件改名

（二）程序复制的操作步骤

程序复制的操作步骤如图 3.12 所示。

（1）在文件夹结构中选中文件所在的文件夹，在文件列表中选中文件。

（2）点击“编辑”。

（3）点击“复制”。

（4）不要选择源程序所在的盘（如 D 盘），点击“编辑”→“添加”。

（5）给新模块输入一个新文件名，然后点击“OK”确认。

（6）用上述方式将程序复制回源程序所在的盘。

注：同盘符中不可出现同名程序。

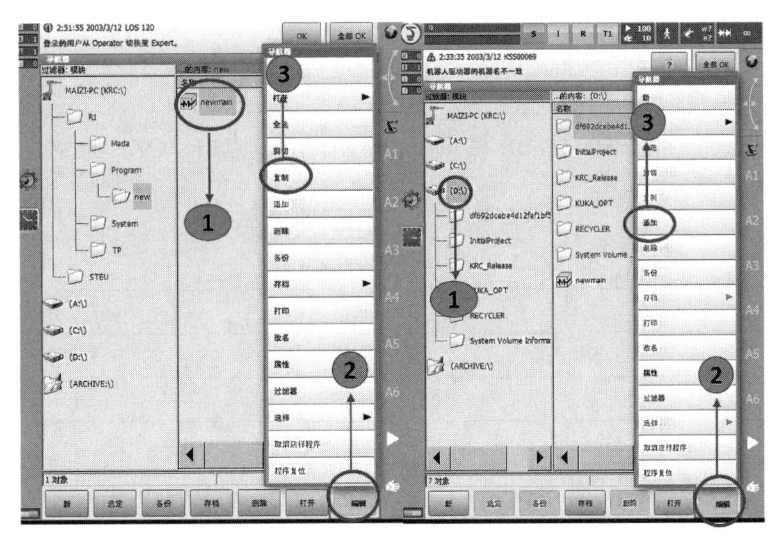

图 3.12　复制程序

（三）程序删除的操作步骤

程序删除的操作步骤如图 3.13 所示。

（1）在文件夹结构中选中所在的文件夹。

（2）在文件列表中选中文件。

（3）点击“编辑”→“删除”。

（4）点击“是”确认安全询问，模块即被删除。

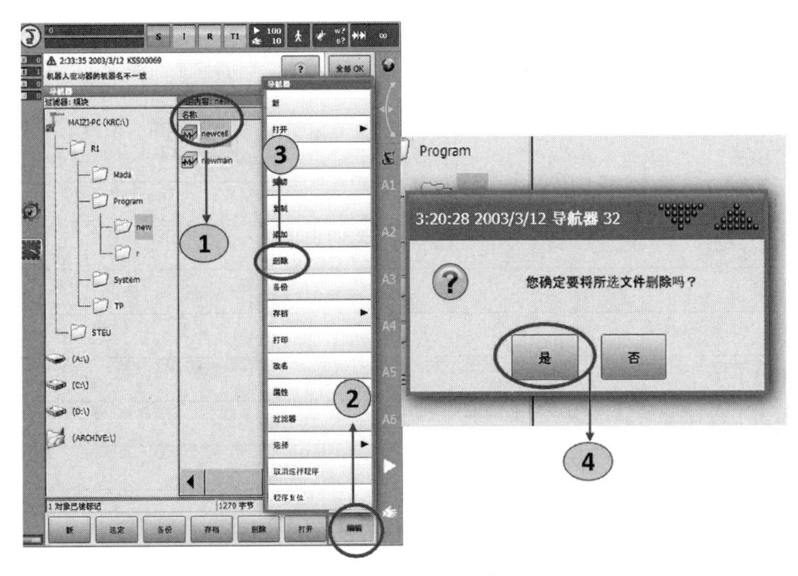

图 3.13　文件删除

（四）程序备份的操作步骤

操作步骤如下：

（1）在文件夹结构中选中所在的文件夹。

（2）在文件列表中选中文件。

（3）点击“编辑”→“备份”。

（4）重新生成一个程序模块，并将此模块重新命名，点击“OK”确认。

任务三　项目测试

<table>
<tr><td>姓名</td><td></td><td>项目名称</td><td></td></tr>
<tr><td>指导教师</td><td></td><td>小组人员</td><td></td></tr>
<tr><td>时间</td><td></td><td>备注</td><td></td></tr>
<tr><td colspan="4">测试内容</td></tr>
<tr><td colspan="4">1.掌握创建程序及新文件夹的操作步骤。
2.了解程序模块的属性构成，包括 SRC 文件和 DAT 文件。
3.掌握选择或打开一个程序的功能。
4.掌握编辑程序模块的方法，包括复制、删除、改名及备份，并掌握这四种方式的操作方法。</td></tr>
<tr><td colspan="4">测试解答</td></tr>
<tr><td colspan="4">1.简述程序模块的构成。</td></tr>
<tr><td colspan="4">2.简述新建程序的过程。</td></tr>
<tr><td colspan="4">3.说明选择程序与打开程序的区别。</td></tr>
<tr><td colspan="2">项目考核点</td><td colspan="2">评分</td></tr>
<tr><td colspan="2">是否选择正确的用户组</td><td colspan="2"></td></tr>
<tr><td colspan="2">能否正确新建程序</td><td colspan="2"></td></tr>
<tr><td colspan="2">能否用合适的方式进入程序</td><td colspan="2"></td></tr>
<tr><td colspan="2">编辑程序的熟练度</td><td colspan="2"></td></tr>
<tr><td colspan="2">是否符合工业机器人操作规范</td><td colspan="2"></td></tr>
<tr><td colspan="2">解答题得分</td><td colspan="2"></td></tr>
<tr><td colspan="2">评分教师</td><td colspan="2"></td></tr>
</table>

安全提示：请注意站在机器人工作范围以外进行示教操作，以防机器人突然动作误伤！

项目八　程序文件的执行

【项目分析】

通过示教器可以手动操作机器人运动，但在工业中我们需要以程序自动运行机器人来进行指定的工作项目。当我们对机器人的编程结束后，需要对程序进行试运行调试以及自动运行程序，而这需要我们对程序文件的执行达到一定熟练度。接下来，本项目主要学习程序文件的执行。

任务一　程序状态栏

【任务分析】

任务中主要介绍程序的运行和初始化运行，通过这个任务的学习能够进行程序初始化运行，根据运行模式和实际情况能够设定合理的运行速度，熟悉解释器状态含义。

（一）初始化运行

初始化运行

机器人初始化运行也称作 BCO 运行，程序的执行可通过正向运行程序按键和反向程序运行按键来选择。但在程序执行之前，为了使当前机器人位置与机器人程序中的当前点位置保持一致，必须执行 BCO 运行。BCO 是 block coincidence（即程序段重合）的缩写。重合意为“一致”及“时间/空间事件的会合”。

当且仅当机器人位置与编程设定的位置相同时才可进行轨迹规划。因此，首先必须将 TCP 置于轨迹上，如图 3.14 所示。

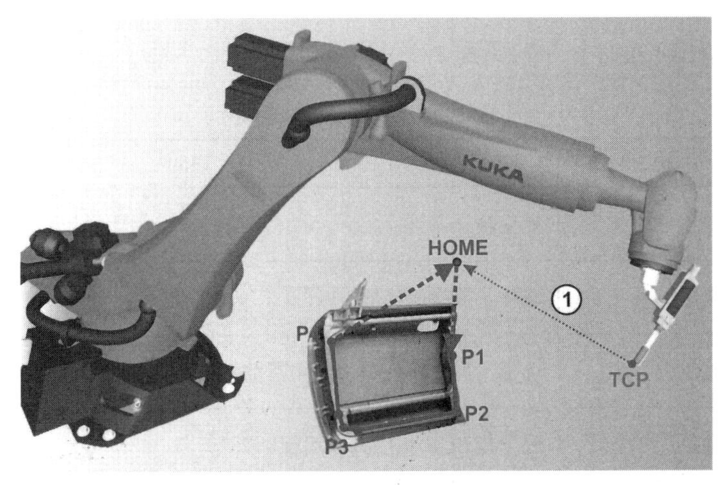

图 3.14　BCO 运行范例

在下列情况下要进行 BCO 运行：

（1）选择程序后。

（2）程序复位后。

（3）程序执行时手动移动后。

（4）更改程序后。

（5）语句行选择后。

SUBMIT 解释器状态

（二）SUBMIT 解释器状态

SUBMIT 解释器又称为 S 提交解释器。KUKA 机器人中所谓的解释器，可以理解为任务处理器（Task）或者线程（Thread），彼此独立但彼此之间可以交互数据。

提交解释器（Submit Interpreter）的作用：可执行对时间要求不严格的逻辑运算/数据处理/状态监控等。

提交解释器在机器人控制系统接通时自动启动，也可以在专家组级别通过解释器的状态栏直接进行操作，如图 3.15 所示。

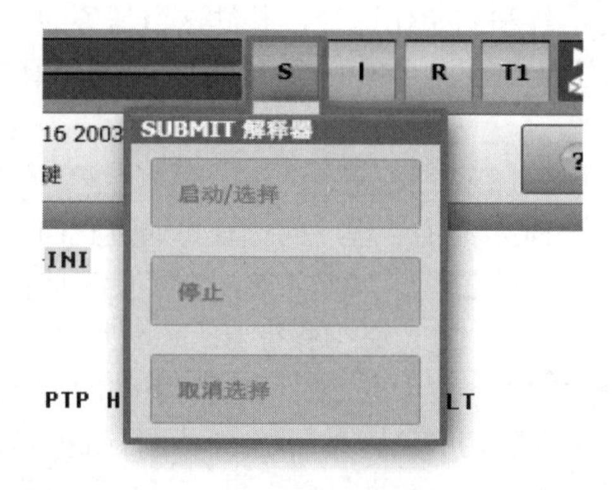

图 3.15　提交解释器

提交解释器状态见表 3.1。

表 3.1　提交解释器状态

符号	颜色	说明
S	红色	提交解释器被停止
S	灰色	选择了提交解释器
S	黄色	选择了提交解释器，语句指针位于所选 SUB 程序的首行
S	绿色	已选择 SUB 程序并在运行

（三）驱动装置状态

1. 驱动装置状态 I

驱动装置有以下三种状态，见表 3.2。

表 3.2　驱动装置状态

状态	I	I	O

各图标及颜色所代表的意义见表 3.3。

表 3.3　各图标及颜色所代表的意义

符号：I	驱动装置已接通（$PERI_RDY==TRUE） 中间回路已充满电
符号：O	驱动装置已关断（$PERI_RDY==FALSE） 中间回路未充电或没有充满电
绿色	$COULD_START_MOTION==TRUE 确认开关（使能按键）已按下（中间位置），或不需要确认开关（使能按键）
灰色	$COULD_START_MOTION==FALSE 确认开关（使能按键）未按下或没有完全按下

提示：（1）驱动装置接通不表示库卡伺服（KSP）进入受控状态并且给电机供电。
（2）驱动装置关断不表示库卡伺服包中断电机的供电。
（3）库卡伺服是否给电机供电取决于安全控制系统的驱动装置是否许可开通。

2. 驱动装置移动条件

驱动装置移动条件如图 3.16 所示。

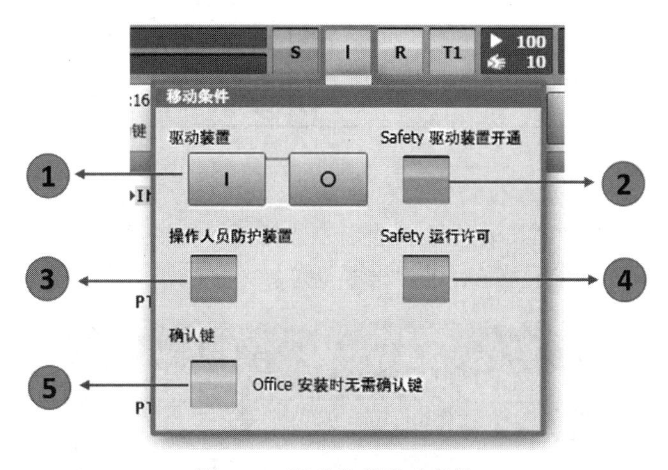

图 3.16　驱动装置移动条件

移动条件说明见表 3.4。

表 3.4 移动条件说明表

序号	说明
1	I：触摸，以接通驱动装置 O：触摸，以关闭驱动装置
2	绿色：安全控制系统允许驱动装置启动 灰色：安全控制系统触发了安全停止 0 或结束安全停止 1。驱动装置不允许启动，即 KSP 不在受控状态并且不给电机供电
3	信号操作人员防护装置 绿色：$USER_SAF==TRUE 灰色：$USER_SAF==FALSE
4	绿色：安全控制系统发出运行许可 灰色：安全控制系统触发了安全停止 1 或安全停止 2。无运行许可 提示：Safety 运行许可的状态与$MOVE_ENABLE 的状态无关！
5	绿色：确认开关（使能按键）被按下（中间位置） 灰色：确认开关（使能按键）未按下或没有完全按下，或不需要确认开关（使能开关三状态）

$USER_SAF 为 TRUE 的条件取决于控制系统类型和运行模式见表 3.5。

表 3.5 运行模式与条件

控制系统	运行模式	条件
KR C4	T1、T2	确认键被按下
	AUT、AUT EXT	隔离防护装置已合上
VKR C4	T1	确认键被按下 E2/E22 已闭合
	T2	确认键被按下 E2/E22 和 E7 已合上
	EXT	隔离防护装置已合上 E2/E22 和 E7 已打开

（四）程序状态

程序状态为机器人解释器，若程序以选定方式打开，可以通过图 3.17 所示（①②）方式取消选择程序，也可以在运行程序后进行程序复位。

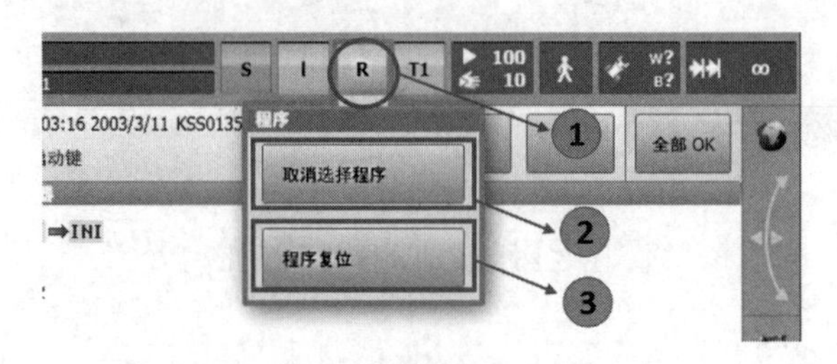

图 3.17 程序状态栏

程序状态 R 颜色所对应的说明见表 3.6。

表 3.6　程序状态颜色说明表

图标	颜色	说明
R	灰色	未选定程序
R	黄色	语句指针位于所选程序的首行
R	绿色	已经选择程序，而且程序正在运行
R	红色	选定并启动的程序被暂停
R	黑色	语句指针位于所选程序的末端

任务二　程序运行

程序运行

【任务分析】

此任务主要讲了运行模式和运行速度的设定方法，可以根据需求选择正确的运行方式；用所学知识运行工业机器人程序。另外需要注意安全规范地操作工业机器人。

（一）程序运行方式

对于选定的程序，有多种程序运行方式，如图 3.18 所示。程序运行方式说明见表 3.7。

图 3.18　程序运行方式

表 3.7　程序运行方式说明

图标	说明
	GO 程序连续运行，直至程序结尾 在测试运行中必须按住启动键
	MSTEP 在运动步进运行方式下，每个运动指令都单个执行 每一个运动结束后，都必须重新按下启动键
	ISTEP 仅供用户组“专家”使用！ 在增量步进时，逐行执行（与行中的内容无关） 每行执行后，都必须重新按下启动键

机器人的运动方式：

（1）T1（手动慢速运行）：用于测试运行、编程和示教，Vmax=250mm/s。

（2）T2（手动快速运行）：用于测试运行。程序执行时速度等于编程设定速度。

（3）AUT（自动运行）：用于不带上级控制系统的工业机器人，程序执行时的速度等于编程设定的速度。

（4）AUT EXT（外部自动运行）：用于带上级控制系统（PLC）的工业机器人，程序执行时的速度等于编程设定的速度。

（二）程序手动运行

手动运行方式在T1模式下运行。在急停、安全相关装置异常、机器人有错误报警等情况下，机器人将不能运行。程序在T1模式下的运行步骤：

（1）在KCP上转动用于连接管理器的开关，如图3.19所示。

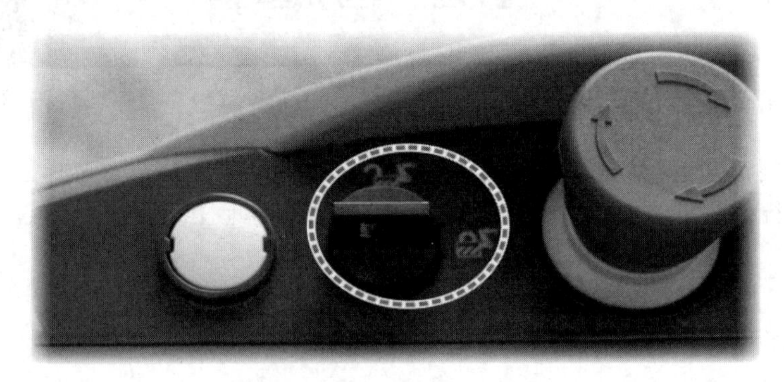

图3.19　连接管理器的开关

（2）选择运行模式为T1，如图3.20所示。

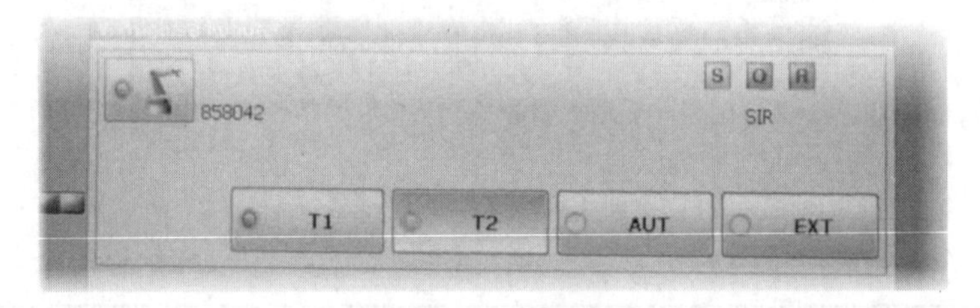

图3.20　运行模式

（3）将用于连接管理器的开关再次转回初始位置。所有的运动方式会显示在SmartPAD的状态栏中，如图3.21所示。

图3.21　状态栏

（4）SRC 程序文件用“选定”模式打开，程序指针处于首行。

（5）速度调至低速。

（6）按住任意使能开关至中间档位并保持。

（7）按下“启动键”并保持，程序开始运行。

（三）程序自动运行

自动运行方式在 AUT 模式下运行。在急停、安全相关装置异常、机器人有错误报警等情况下，机器人将不能运行。程序在 AUT 模式下的运行步骤：

（1）“选定”程序，指针处于首行。

（2）在 KCP 上转动用于连接管理器的开关。

（3）选择运行模式为 AUT。

（4）将用于连接管理器的开关再次转回初始位置。

（5）设置自动运行速度。

（6）按住任意使能开关至中间档位，同时按住“启动键”，待程序启动后可松手。

任务三　项目测试

姓名		项目名称	
指导教师		小组人员	
时间		备注	
测试内容			
1.选定程序。 2.设置合适的手动运行速度及自动运行速度（低速）。 3.将程序手动运行，运行后复位。 4.将程序自动运行，运行后复位。			
测试解答			
1.什么是初始化运行？			
2.说明提交解释器的颜色及作用。			
3.简述六种程序状态。			
项目考核点		评分	
选择程序方式是否正确			
速度是否设置为低速			
程序运行模式是否正确			
启动程序熟练度			
是否符合工业机器人操作规范			
解答题得分			
评分教师			

安全提示：请注意站在机器人工作范围以外进行示教操作，以防机器人突然动作误伤！

项目九　创建基本运动指令

【项目分析】

九层之台，始于垒土；千里之堤，溃于蚁穴。往往基础的知识，反而具有重要的地位。程序的基本指令是构建一条完整程序所不可或缺的重要元素，是通向高级编程大门的阶梯。

任务一　基本运动指令

【任务分析】

本任务主要介绍机器人的基本运动指令。机器人在程序控制下的运动要求编制一个运动指令，有不同的运动方式供运动指令的编辑使用，通过制定的运动方式和运动指令，机器人才知道如何进行运动。机器人的运动方式有两种：

（1）按轴坐标的运动（PTP：Point to Point，即点到点）。

（2）沿轨迹的运动：LIN 直线运动和 CIRC 圆周运动。

PTP 关节运动指令讲解

PTP 关节运动指令演示

（一）PTP 关节运动指令

PTP 关节运动是机器人沿最快的轨道将 TCP 从起始点引至目标点，如图 3.22 所示，P1 到 P2 的路径是曲线，是机器人轴进行回转运动，对机器人本体最有效的路径，所以曲线轨道比直线轨道运动更快。此轨迹无法精确预知，所以在调试及试运行时，应该在阻挡物体附近降低速度来测试机器人的移动特性。PTP 关节运动常应用于点焊、运输、测量，检验辅助位置、位于中间的点、空间中的自由点。在 KRL 程序中，机器人的第一个指令必须是 PTP 或 SPTP，因为机器人控制系统仅在 PTP 或 SPTP 运动时才会考虑编程设置的状态和转角方向值，以便定义一个唯一的起始位置。

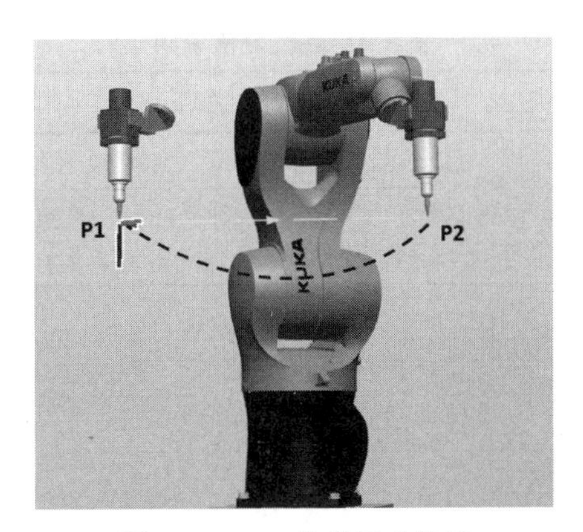

图 3.22　PTP 关节运动轨迹

1. PTP 关节运动指令的创建

选择 T1 模式，选定或者打开程序，光标移至第一个 PTP HOME 点，如图 3.23 所示，依据图中顺序，点击“指令”→“运动”→“PTP”。添加 PTP 后，设置联机表格参数，确认无误后点击“指令 OK”添加此指令，也可点击“中断指令”取消添加此指令。

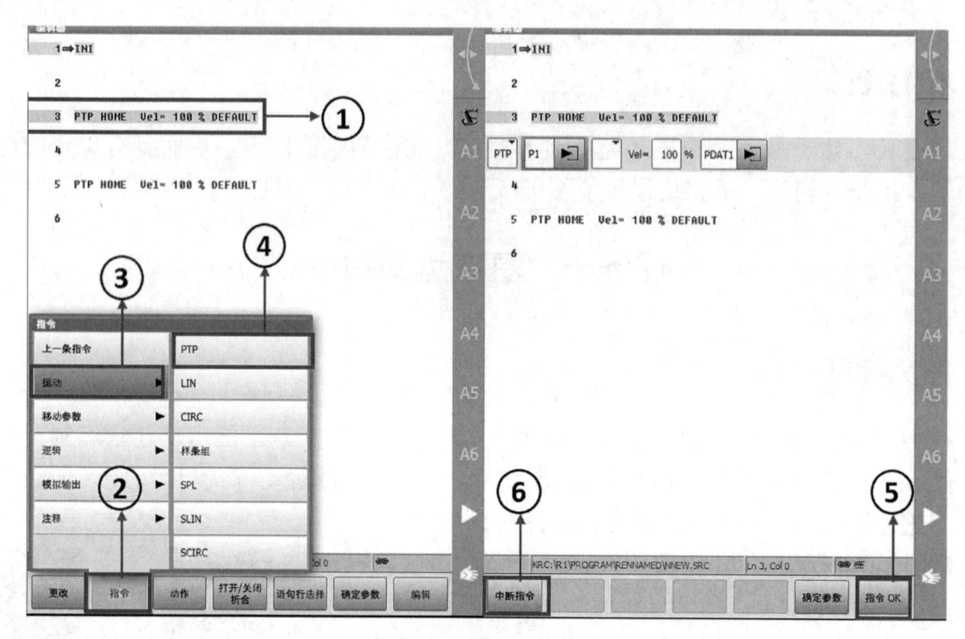

图 3.23 添加 PTP 指令

2. PTP 联机表格的介绍

PTP 联机表格如图 3.24 所示，具体参数说明见表 3.8。

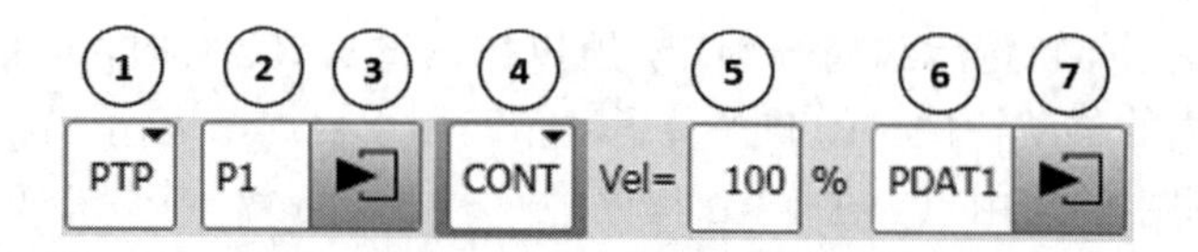

图 3.24 PTP 联机表格

表 3.8 联机表格说明

序号	说明
①	PTP 关节运动方式名称，点击可选择运动方式，如切换至 LIN 等
②	目标点名称，点击可修改名称，如果修改成如“HOME”点等程序中具有的目标点名称，此目标点的位置信息将等同于同名目标点
③	目标点参数设置
④	轨迹逼近选项
⑤	速度范围，PTP 关节运动速度范围为 1%～100%
⑥	运动数据组变量名称
⑦	运动数据选项

（1）目标点。关于目标点的设置如图 3.25 所示。

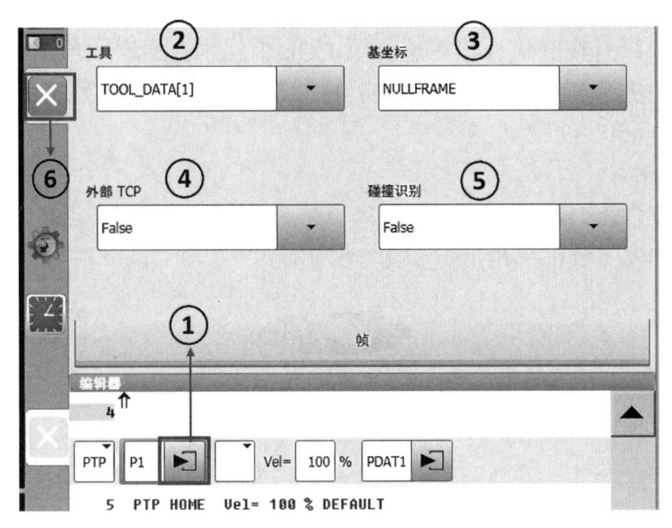

图 3.25　目标点设置

先打开目标点设置①，在此可设置②、③、④、⑤选项。点击⑥可关闭目标点设置界面。

目标点需要设置系统相对应的工具和基坐标。机器人系统一般默认有 1～16 个工具可选，有 1～32 个基坐标可选。

目标点中需要设置外部 TCP，即机器人工具处于六轴法兰盘上还是处于机器人之外的固定处。外部 TCP 选为 True，表示为外部工具；外部 TCP 选为 False，表示为法兰处工具。

目标点中需要设置碰撞识别，碰撞识别选为 True，表示机器人系统为此运动计算轴扭矩；碰撞识别选为 False，表示机器人系统不为此运动计算轴扭矩。轴扭矩的作用是在机器人进行此运动过程中，如果扭矩超出范围值，则报警停止运动。

（2）运动速度。关于运动指令速度的设置如图 3.26 所示。

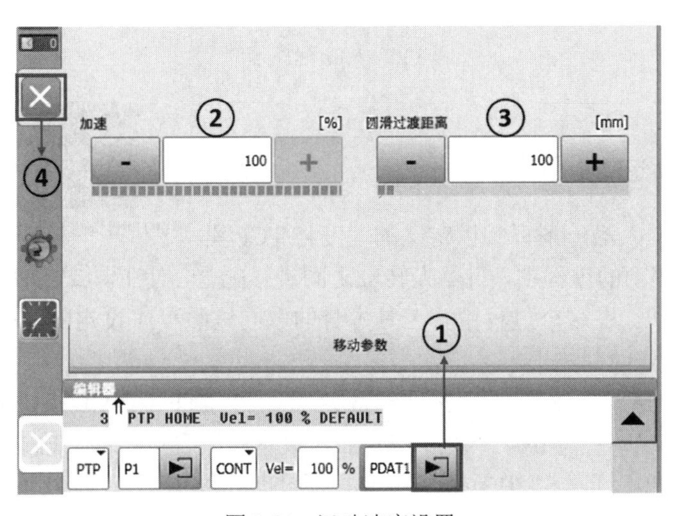

图 3.26　运动速度设置

先打开运动速度设置①，在此可设置②、③选项。点击④可关闭目标点设置界面。

加速：表示以机器表数据中给出的最大值为基准。此最大值与机器人类型和所设定运行方式有关。加速适用于该运动语句的主要轴，取值范围为1%～100%。

圆滑过渡距离：只有在联机表格中选择了 CONT 后才会显示此项。此距离为轨迹逼近的初始距离。最大值为从起点到目标点之间一半的距离，以无轨迹逼近 PTP 的运动轨迹为基础，取值范围为1～1000mm。

3. PTP 应用实例

新建程序，从 HOME 点开始，经过点 P1、P2，再回到 HOME 点，将手动运行速度调至40%，使路径闭合形成一个正三角形，如图3.27所示。

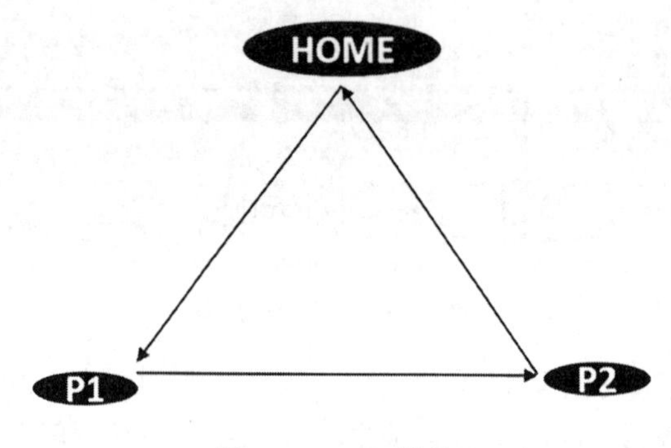

图3.27　PTP 路径

程序示例如图3.28所示。

```
INI
PTP HOME Vel=100 % PDATHOME Tool[1] Base[0];
PTP P1 Vel=100 % PDATP1 Tool[1] Base[0];
PTP P2 Vel=100 % PDATP2 Tool[1] Base[0];
PTP HOME Vel=100 % PDATHOME Tool[1] Base[0];
END
```

图3.28　PTP 程序示例

（二）LIN 线性运动指令

LIN 线性运动指令讲解

LIN 线性运动指令演示

线性运动是机器人沿一条直线以定义的速度将 TCP 引至目标点。在线性移动的过程中，机器人转轴之间进行配合，使工具或工件参照点沿着一条通往目标点的直线移动。在这个过程中，工具本身的取向按照程序设定的取向变化。

1. LIN 运动指令的创建

选择 T1 模式，选定或者打开程序，光标移至第一个 PTP HOME 点，如图3.29所示，点击“指令”→“运动”→“LIN”。添加 LIN 后，设置联机表格参数，确认无误后点击“指令OK”添加此指令，也可点击“中断指令”取消添加此指令。

2. LIN 联机表格的介绍

LIN 联机表格如图3.30所示，具体参数说明见表3.9。

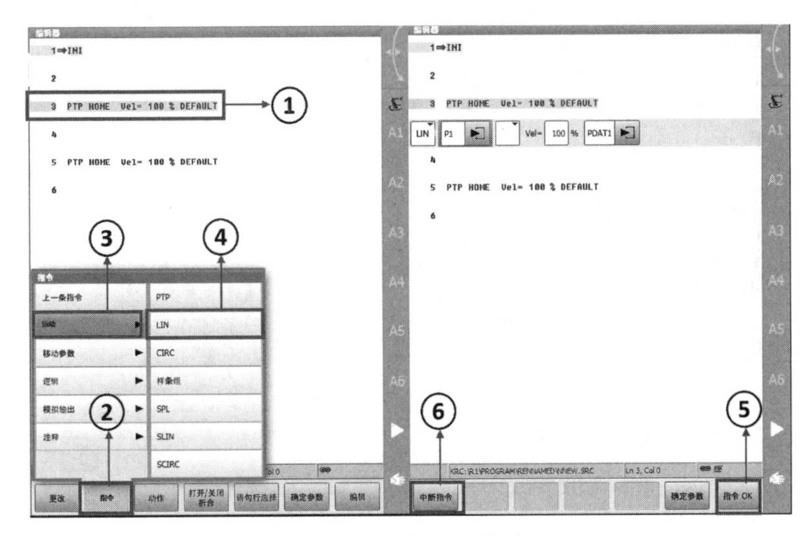

图 3.29　添加 LIN 指令

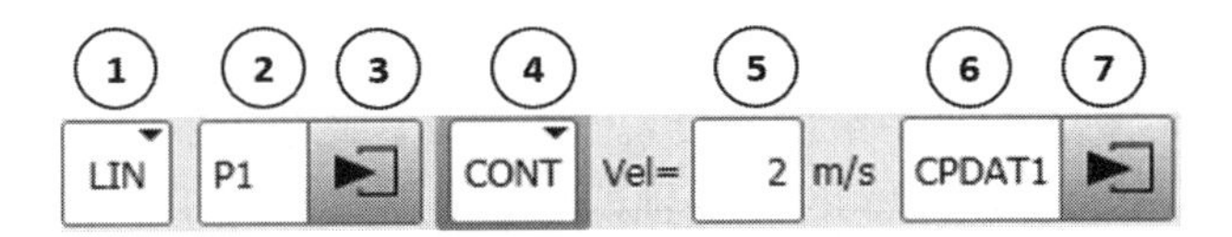

图 3.30　LIN 联机表格

表 3.9　LIN 联机表格说明

序号	说明
①	LIN 运动方式名称，点击可选择运动方式，如切换至 PTP 等
②	目标点名称，点击可修改名称，如果修改成如“HOME”点等程序中具有的目标点名称，此目标点的位置信息将等同于同名目标点
③	目标点参数设置
④	轨迹逼近选项
⑤	速度范围，LIN 运动速度范围为 0.001～2m/s
⑥	运动数据组变量名称
⑦	运动数据选项

（1）目标点。关于目标点的设置如图 3.31 所示。

目标点需要设置系统相对应的工具和基坐标。机器人系统一般默认有 1～16 个工具可选，有 1～32 个基坐标可选。

目标点中需要设置外部 TCP，即机器人工具处于六轴法兰盘上还是处于机器人之外的固定处。外部 TCP 选为 True，表示为外部工具；外部 TCP 选为 False，表示为法兰处工具。

目标点中需要设置碰撞识别，碰撞识别选为 True，表示机器人系统为此运动计算轴扭矩；碰撞识别选为 False，表示机器人系统不为此运动计算轴扭矩。轴扭矩的作用是在机器人进行此运动过程中，如果扭矩超出范围值，则报警停止运动。

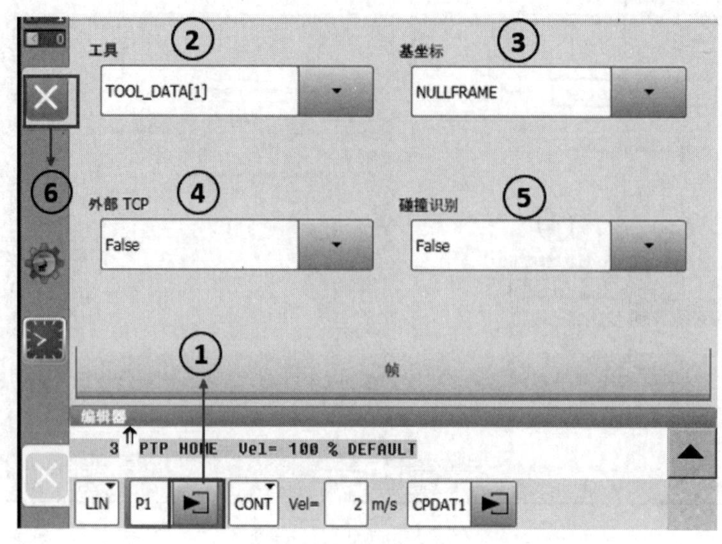

图 3.31 LIN 目标点设置

（2）运动速度。关于运动指令速度的设置如图 3.32 所示。

轨迹加速：表示以机器数据中给出的最大值为基准。此最大值与机器人类型和所设定运行方式有关。加速适用于该运动语句的主要轴，取值范围为 1%～100%。

圆滑过渡距离：只有在联机表格中选择了 CONT 后才会显示此项。此距离为轨迹逼近的初始距离。最大值为从起点到目标点之间一半的距离，以无轨迹逼近 PTP 的运动轨迹为基础，取值范围为 1～1000mm。

方向导引：

1）标准或手动 PTP：工具的姿态在运动过程中不断变化，在机器人以标准方式到达腕部轴奇点时，就可以使用手动 PTP。这是通过腕部轴角度的线性轨迹逼近进行姿态变化。

2）恒定的方向：工具的姿态在运动过程中不变化。在终点示教的姿态被忽略。

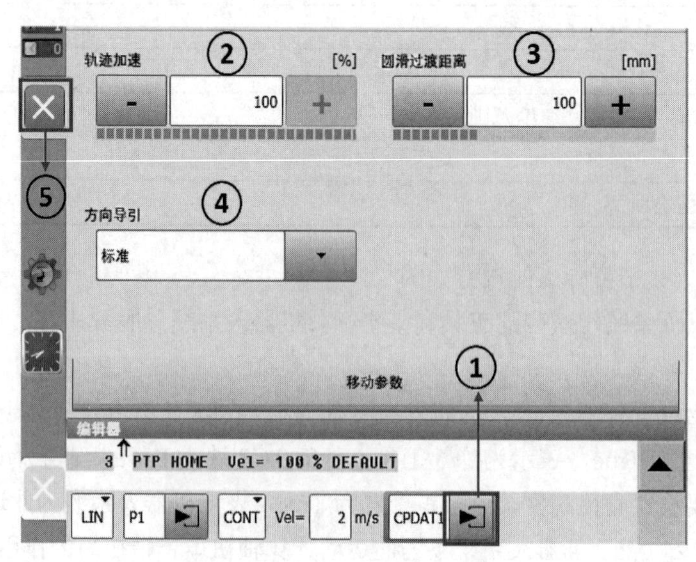

图 3.32 LIN 运动速度设置

3. LIN 应用实例

新建程序，从 HOME 点开始，经过点 P1、P2、P3，再回到 HOME 点，将手动运行速度调至 40%，使路径闭合形成一个正方形，如图 3.33 所示。

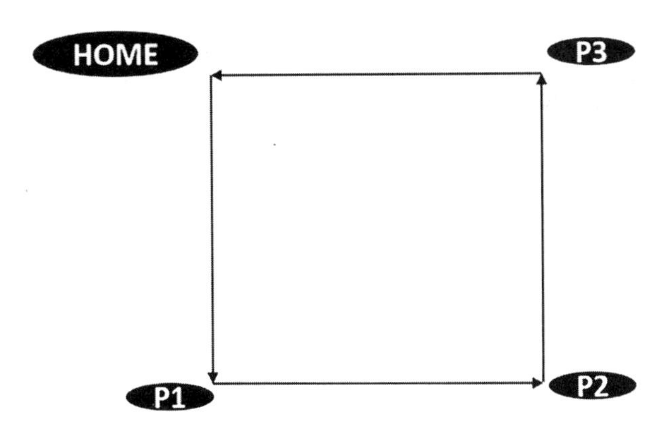

图 3.33　LIN 路径

程序示例如图 3.34 所示。

```
INI
PTP HOME Vel=100 % PDATHOME Tool[1] Base[0];
LIN P1 Vel=100 % PDATP1 Tool[1] Base[0];
LIN P2 Vel=100 % PDATP2 Tool[1] Base[0];
LIN P3 Vel=100 % PDATP2 Tool[1] Base[0];
PTP HOME Vel=100 % PDATHOME Tool[1] Base[0];
END
```

图 3.34　LIN 程序示例

（三）CIRC 圆弧运动指令

圆周运动是机器人沿圆形轨道以定义的速度将 TCP 移动至目标点。圆形轨道是通过起点、辅助点和目标点定义的，起始点是上一条运动指令以精确定位方式抵达的目标点，辅助点是圆周所经历的中间点。在机器人移动过程中，工具尖端取向的变化顺应移动轨迹并持续运动。

CIRC 圆弧运动指令讲解

CIRC 圆弧运动指令演示

1. CIRC 运动指令的创建

选择 T1 模式，选定或者打开程序，光标移至第一个 PTP HOME 点，如图 3.35 所示，点击“指令”→“运动”→“CIRC”。添加 CIRC 后，设置联机表格参数，确认无误后点击“指令 OK”添加此指令，也可点击“中断指令”取消添加此指令。

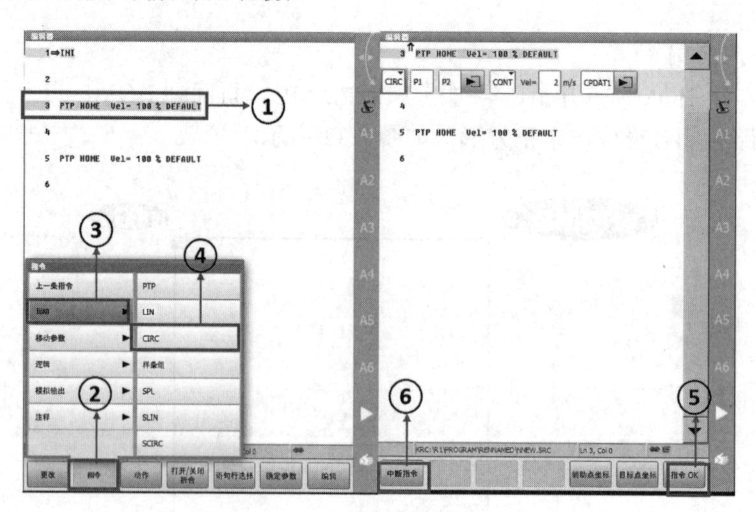

图 3.35　添加 CIRC 指令

2. CIRC 联机表格的介绍

CIRC 联机表格如图 3.36 所示，具体参数说明见表 3.10。

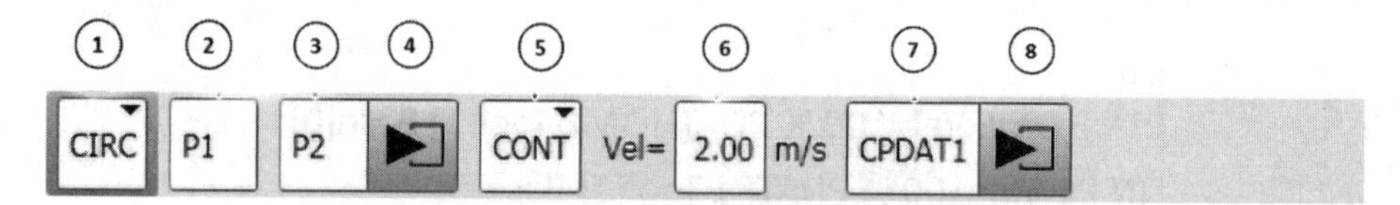

图 3.36　CIRC 运动联机表格

表 3.10　CIRC 联机表格说明

序号	说明
①	CIRC 运动方式名称，点击可选择运动方式，如切换至 PTP 等
②	过度点名称，点击可修改名称，如果修改成如“HOME”点等程序中具有的目标点名称，此目标点的位置信息将等同于同名目标点
③	终点名称，点击可修改名称，如果修改成如“HOME”点等程序中具有的目标点名称，此目标点的位置信息将等同于同名目标点
④	目标点参数设置
⑤	轨迹逼近选项
⑥	速度范围，CIRC 运动速度范围为 0.001～2m/s
⑦	运动数据组变量名称
⑧	运动数据选项

（1）目标点。关于目标点的设置如图 3.37 所示。

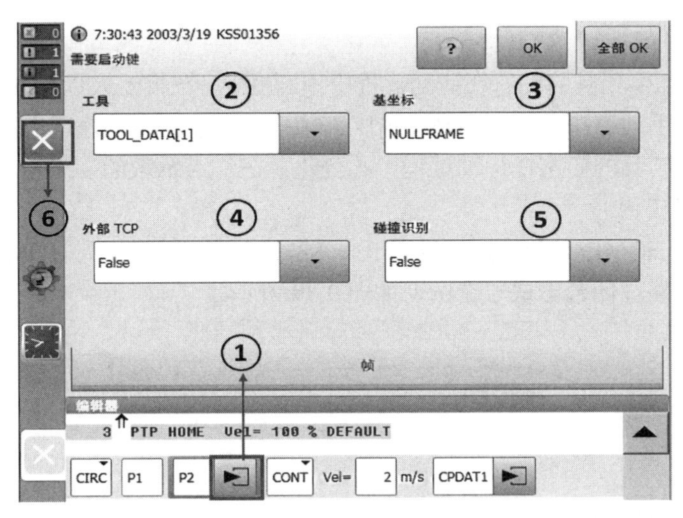

图 3.37　CIRC 目标点设置

目标点需要设置系统相对应的工具和基坐标，机器人系统一般默认有 1～16 个工具可选，有 1～32 个基坐标可选。

目标点中需要设置外部 TCP，即机器人工具处于六轴法兰盘上还是处于机器人之外的固定处。外部 TCP 选为 True，表示为外部工具；外部 TCP 选为 False，表示为法兰处工具。

目标点中需要设置碰撞识别，碰撞识别选为 True，表示机器人系统为此运动计算轴扭矩；碰撞识别选为 False，表示机器人系统不为此运动计算轴扭矩。轴扭矩的作用是在机器人进行此运动过程中，如果扭矩超出范围值，则报警停止运动。

（2）运动速度。关于运动指令速度的设置如图 3.38 所示。

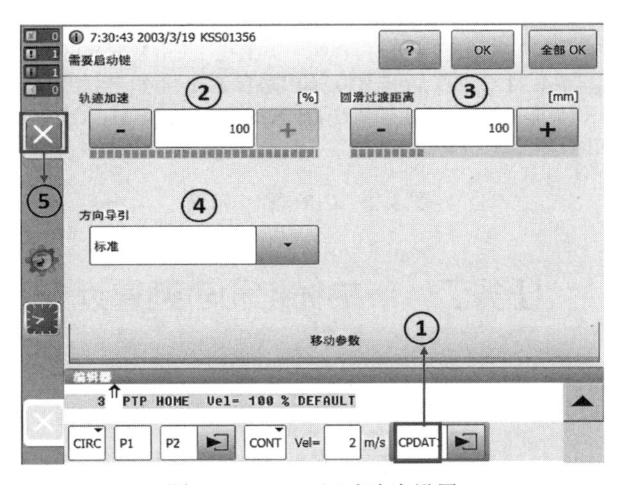

图 3.38　CIRC 运动速度设置

轨迹加速：表示以机器数据中给出的最大值为基准。此最大值与机器人类型和所设定运行方式有关。加速适用于该运动语句的主要轴，取值范围为 1%～100%。

圆滑过渡距离：只有在联机表格中选择了 CONT 后才会显示此项。此距离为轨迹逼近的初始距离。最大值为从起点到目标点之间一半的距离，以无轨迹逼近 PTP 的运动轨迹为基础，取值范围为 1～1000mm。

（3）方向导引：

标准或手动 PTP：工具的姿态在运动过程中不断变化，在机器人以标准方式到达腕部轴奇点时，就可以使用手动 PTP。这因为是通过腕部轴角度的线性轨迹逼近进行姿态变化。

恒定的方向：工具的姿态在运动过程中不变化。在终点示教的姿态被忽略。

3. CIRC 应用实例

新建程序，从 HOME 点开始，经过点 P1、P2、P3、P4，再回到 HOME 点，将手动运行速度调至 40%，使路径闭合形成一个圆，如图 3.39 所示。

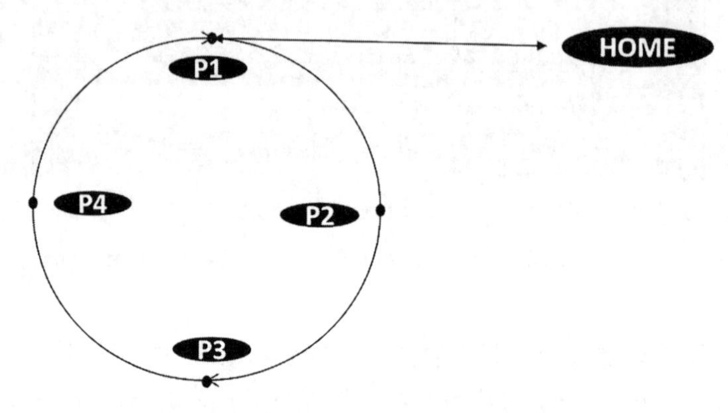

图 3.39　CIRC 路径

程序示例如图 3.40 所示。

```
INI
PTP HOME Vel=100 % PDATHOME Tool[1] Base[0];
PTP P1 Vel=100 % PDATP1 Tool[1] Base[0];
CIRC P2 P3 CONT Vel=100 % PDATP2 Tool[1] Base[0];
CIRC P4 P1 CONT Vel=100 % PDATP2 Tool[1] Base[0];
PTP HOME Vel=100 % PDATHOME Tool[1] Base[0];
END
```

图 3.40　CIRC 程序示例

任务二　节拍优化和轨迹逼近

【任务分析】

本任务需要了解节拍，然后能够合理使用轨迹逼近功能来达到减少时间节拍的效果，需要注意的是能够安全规范地操作工业机器人。

节拍优化讲解　CONT 演示

（一）节拍优化

1. 节拍的定义

生产节拍又称客户需求周期、产距时间，是指在一定时间长度内，总有效生产时间与客户需求数量的比值，是客户需求一件产品的市场必要时间。生产节拍实际是一种目标时间，是随需求数量和需求期的有效工作时间变化而变化的。

2. 节拍优化方法

（1）将小的零件用料盒存放在夹具最近处，以减少工人走动取件时间。

（2）合理分配零件上件顺序、优化夹具结构，以减少上件后辅助夹紧时间。

（3）尽可能减少夹具多余动作，以减少定位夹紧时间。

（4）通过优化机器人作业顺序、工作路径来减少作业时间

（5）通过合理分配 I/O 信号来减少机器人之间干涉及等待时间。

（6）在工位传输过程中，机器人在非原点的安全位置预先等待，以节约时间。

（7）机器人在安全位置发出工位完成信号，以节约时间。

（8）机器人尽量在移动过程均采用关节运动。

（9）在不必要的情况下，多采用 CONT 轨迹逼近，减少作业时间。

（10）通过优化使机器人的利用率保持在 75%～80%为宜。

（二）轨迹逼近

为了加速运动过程，控制器以 CONT 标示的运动指令进行轨迹逼近。轨迹逼近意味着将不精确移到点坐标。事先便离开精确保持轮廓的轨迹。TCP 被导引沿着轨迹逼近轮廓运行，该轮廓止于下一个运动指令的精确保持轮廓（图 3.41）。初始点 P1→过渡点 P2→目标点 P3，当 P2 点选择 CONT 选项后，机器人将不会准确到达该点，而是以圆滑过渡的轨迹移动到 P3 点。轨迹逼近具有以下两个优点：

（1）由于这些点之间不再需要制动和加速，所以运动系统受到的磨损减少。

（2）降低节拍时间。

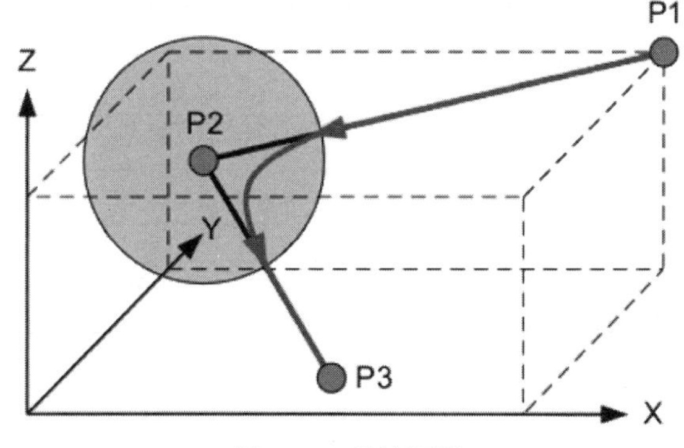

图 3.41　轨迹逼近

任务三　项目测试

姓名		项目名称	
指导教师		小组人员	
时间		备注	
测试内容			
1.创建 PTP 运动指令。 2.创建 LIN 运动指令。 3.创建 CIRC 运动指令。 4.将三条指令构成一个程序并运行。			
测试解答			
1.说明 PTP 与 LIN 的区别。			
2.简述轨迹逼近。			
3.回答机器人系统中工具一般有多少个？基坐标有多少个？			
项目考核点		评分	
是否正确使用 PTP			
是否正确使用 LIN\CIRC			
是否正确使用轨迹逼近			
速度是否设置正确			
是否符合工业机器人操作规范			
解答题得分			
评分教师			

安全提示：请注意站在机器人工作范围以外进行示教操作，以防机器人突然动作误伤！

第四单元　机器人投入运行

【单元重点】

- 了解关于工业机器人的相关安全机制和停机方式。
- 讲解工业机器人的零点标定和标定方法。
- 讲解如何建立工具坐标系。
- 讲解如何建立基坐标系。
- 讲解如何还原备份系统的数据。

【学习目标】

- 掌握工业机器人的安全回路和停机方式。
- 了解安全回路硬件接口的接线方式。
- 掌握工业机器人的安全装置和防护功能。
- 掌握工业机器人零点标定的重要性和机器人零点标定的位置。
- 能够使用零点标定工具进行标定。
- 了解工具坐标系的作用和用途。
- 掌握建立工具坐标系的方法。
- 了解基坐标系的作用和用途。
- 掌握建立基坐标系的方法。
- 掌握工业机器人系统存档的途径。
- 熟悉存档的操作步骤。
- 掌握工业机器人故障时恢复系统的方法。
- 了解运行日志和状态变更。

项目十　安全机制

【项目分析】

本项目主要围绕机器人在投入运行前的相关安全机制进行详细的讲解，介绍了机器人的安全回路和接口以及停机的方式等；在讲解安全防护中主要以人身安全和设备安全进行分析。

任务一　安全回路与停机方式

安全机制

【任务分析】

本任务主要讲解的机器人的控制安全回路和机器人的停机方式，安全回路主要内容涉及硬件接口和它的接线方式，停机方式主要分析了机器人在不同运行模式触发停止。

（一）机器人安全回路

在机器人的设计过程中，为了提高使用安全性，往往会增加很多安全回路，如紧急停止、使能、障碍物检测、速度控制、安全光栅、轴限位、供电等。KUKA 机器人 slimline 控制柜的安全回路接口如图 4.1 所示。

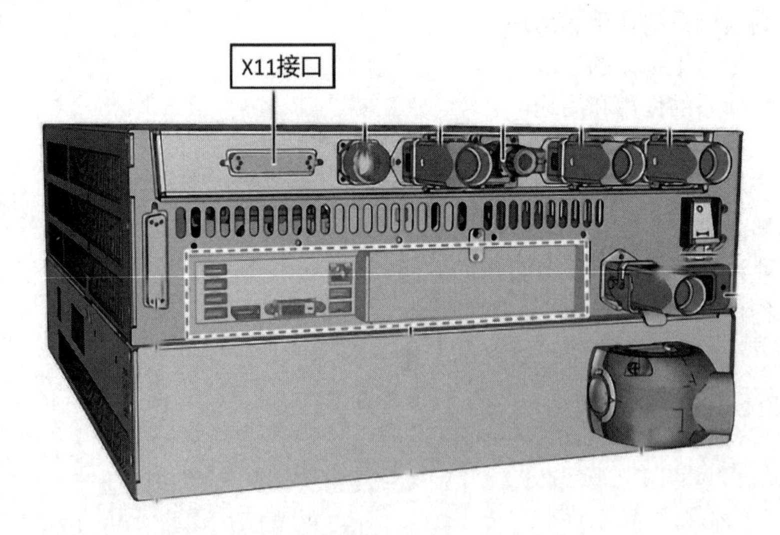

图 4.1　安全回路接口

插头 X11 的插孔图如图 4.2 所示，用于接口 X11 的配合件是一个带多点连接器的 50 针 D-Sub、IP67 插头。

安全回路接口插头 X11 的针脚说明及功能定义见表 4.1。

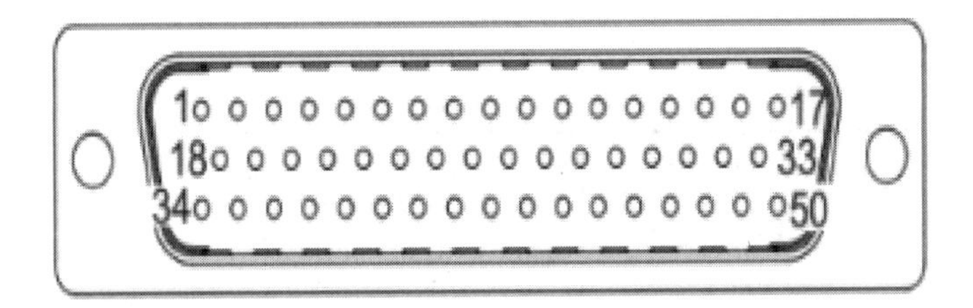

图 4.2　接口侧插孔图

表 4.1　插头 X11 针脚说明及功能定义

<table>
<tr><th>针脚</th><th>说明</th><th>功能定义</th></tr>
<tr><td>1</td><td rowspan="7">测试输出端 A（测试信号 A）</td><td rowspan="7">向信道 A 的每个接口输入端供应脉冲电压</td></tr>
<tr><td>3</td></tr>
<tr><td>5</td></tr>
<tr><td>7</td></tr>
<tr><td>18</td></tr>
<tr><td>20</td></tr>
<tr><td>22</td></tr>
<tr><td>10</td><td rowspan="7">测试输出端 B（测试信号 B）</td><td rowspan="7">向信道 B 的每个接口输入端供应脉冲电压</td></tr>
<tr><td>12</td></tr>
<tr><td>14</td></tr>
<tr><td>16</td></tr>
<tr><td>28</td></tr>
<tr><td>30</td></tr>
<tr><td>32</td></tr>
<tr><td>2</td><td>外部紧急停止信道 A（安全输入端 1）</td><td rowspan="2">紧急停止，双信道输入端，最大 24V。在机器人控制系统中触发紧急停止功能</td></tr>
<tr><td>11</td><td>外部紧急停止信道 B（安全输入端 1）</td></tr>
<tr><td>4</td><td>操作人员防护装置信道 A（安全输入端 2）</td><td rowspan="2">用于防护门闭锁装置的双信道连接，最大 24V。只要该信号处于接通状态，就可以接通驱动装置。仅在自动运行方式下有效</td></tr>
<tr><td>13</td><td>操作人员防护装置信道 B（安全输入端 2）</td></tr>
<tr><td>6</td><td>确认操作人员防护装置信道 A（安全输入端 3）</td><td rowspan="2">用于连接带有无电势触点的确认操作人员防护装置的双信道输入端。可通过 KUKA 系统软件配置确认操作人员防护装置输入端的行为。在关闭防护门（操作人员防护装置）后，可在自动运行方式下在防护栅外面用确认键（使能按键）接通机械手的运行。该功能在交货状态下不生效</td></tr>
<tr><td>15</td><td>确认操作人员防护装置信道 B（安全输入端 3）</td></tr>
<tr><td>8</td><td>安全运行停止信道 A（安全输入端 4）</td><td rowspan="2">激活停机监控，超出停机监控范围时导入停机 0</td></tr>
<tr><td>17</td><td>安全运行停止信道 B（安全输入端 4）</td></tr>
<tr><td>19</td><td>安全停止 Stop2 信道 A(安全输入端 5)</td><td rowspan="2">各轴停机时触发安全停止 2 并激活停机监控。超出停机监控范围时导入停机 0</td></tr>
<tr><td>29</td><td>安全停止 Stop2 信道 B(安全输入端 5)</td></tr>
</table>

续表

针脚	说明	功能定义
21	外部 1 确认信道 A（安全输入端 6）	用于连接外部带有无电势触点的双信道确认开关 1。如果未连接外部确认开关 1，则必须桥接信道 A Pin 20/21 和信道 B 30/31。仅在测试运行方式下有效
31	外部 1 确认信道 B（安全输入端 6）	
23	外部 2 确认信道 A（安全输入端 7）	用于连接外部带有无电势触点的双信道确认开关 2。如果未连接外部确认开关 2，则必须桥接信道 A Pin 22/23 和信道 B 32/33。仅在测试运行方式下有效
33	外部 2 确认信道 B（安全输入端 7）	
34	局部紧急停止信道 A	输出端，内部紧急停止的无电势触点。满足下列条件时，触点闭合：SmartPad 上的紧急停止未操作；控制系统已接通并准备就绪 如有条件未满足，则触点打开
35		
45	局部紧急停止信道 B	
46		
36	确认操作人员防护装置信道 A	输出端，接口 1 和 2 确认操作人员防护装置无电势触点将确认操作人员防护装置的输入信号转接至同一防护栅上的其他机器人控制系统
37		
47	确认操作人员防护装置信道 B	
48		
38	信道 A 的 Peri enabled	输出端，无电势触点
39		
49	信道 B 的 Peri enabled	
50		

紧急停止回路的布线示例如图 4.3 所示。在机器人控制系统中，X11 上连接一个紧急停止装置。

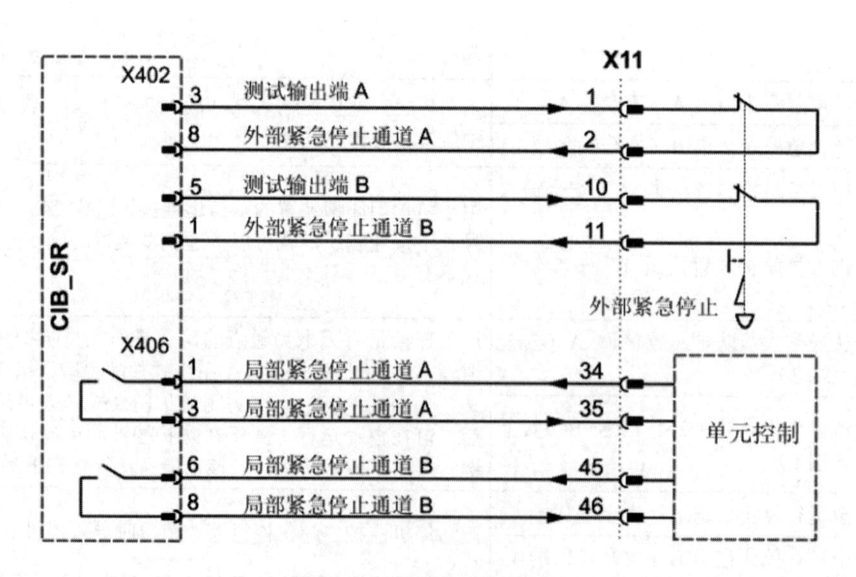

图 4.3　紧急停止布线图

防护装置回路的布线示例如图 4.4 所示。在机器人控制系统中，X11 上连接安全门的限位开关装置，在隔离性防护装置外还必须安装一个双信道确认键及信号指示。

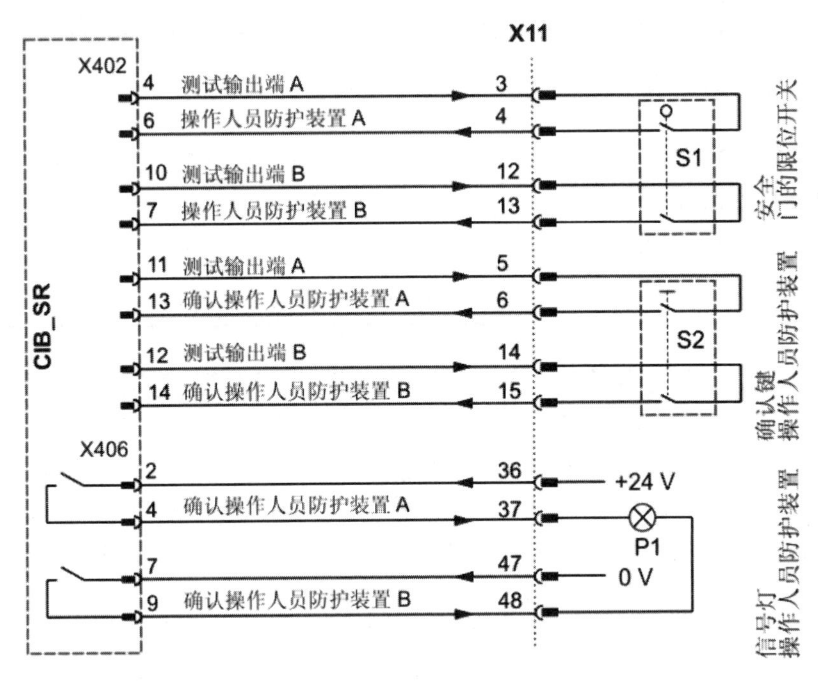

图 4.4　防护装置回路布线图

（二）停机方式

1. 触发停机反应的方式

KUKA 工业机器人会在操作、监控等出现故障信息时做出停机反应。表 4.2 中列出了停机反应与所设定运行方式的关系。

表 4.2　停机反应与运行方式的关系

触发器	T1、T2	AUT、AUT EXT
松开启动键	STOP 2	-
按下停机键	STOP 2	
驱动装置关机	STOP 1	
输入端无“运动许可”	STOP 2	
通过主开关关断电源或断电	STOP 0	
机器人控制系统内与安全无关的部件出现内部故障	STOP 0 或 STOP 1（取决于故障原因）	
运行期间运行方式切换	安全停止 2	
打开防护门（操作人员防护装置）	-	安全停止 1
松开确认键（使能按键）	安全停止 2	-
将确认键（使能按键）按到底或出现故障	安全停止 1	-

续表

触发器	T1、T2	AUT、AUT EXT
按下急停按钮	安全停止 1	
安全控制系统或安全控制系统外围设备中的故障	安全停止 0	

2. 几种停机方式的概念

几种停机方式的概念见表 4.3。

表 4.3　几种停机方式的概念

概念	解释
STOP 0	驱动系统立即关闭，制动器制动。机械手和外部轴（选项）在额定位置附近制动
STOP 1	机械手和外部轴（选项）顺沿轨迹制动 运行方式 T1：机器人一旦停住（但最迟在 680ms 之后），驱动装置就会被关断 运行方式为 T2、AUT（不适用于 VKR C4）或 AUT EXT：驱动装置在 1.5 秒后被关断
STOP 2	驱动系统不关闭，制动器不制动。机械手及外部轴（选项）以沿轨迹的制动斜坡进行制动
安全停止 0	一种由安全控制系统触发并执行的停止。安全控制系统立即关断驱动装置和制动器的供电电源
安全停止 1	一种由安全控制系统触发并监控的停止。该制动过程由机器人控制系统中与安全无关的部件执行并由安全控制系统监控。一旦机械手静止下来，安全控制系统就关断驱动装置和制动器的供电电源。如果安全停止 STOP 1 被触发，则机器人控制系统便给现场总线的一个输出端赋值。安全停止 STOP 1 也可由外部触发
安全停止 2	一种由安全控制系统触发并监控的停止。该制动过程由机器人控制系统中与安全无关的部件执行并由安全控制系统监控。驱动装置保持接通状态，制动器则保持松开状态。一旦机械手停止下来，安全运行停止即被触发。如果安全停止 STOP 2 被触发，则机器人控制系统便给现场总线的一个输出端赋值。安全停止 STOP 2 也可由外部触发

任务二　安全防护

安全防护

【任务分析】

在本任务中，人身安全第一，其次是设备安全；学习的过程中主要了解一些关于安全的装置，一定要了解防护功能和对应运行模式之间的关系，因为某些防护功能在某些运行模式下是无效的。

（一）人身安全防护装置

1. 内部急停装置

工业机器人的内部紧急停止装置是位于 SmartPAD 上的急停装置，在出现危险情况或紧急情况时必须按下该装置。

2. 外部急停装置

除内部紧急停止装置之外，至少还需要安装一个外部急停装置以确保即使在 SmartPAD 已拔出的情况下，也有紧急停止装置可供使用，外部紧急停止装置通过接口 X11 连接。

3. 操作人员防护装置

操作人员防护装置是用屏护方法使人体与生产危险相隔离的装置，如安全围栏的防护门。没有操作人员防护装置的信号，则无法采用自动运行方式。如果在自动运行期间出现信号缺失的情况（例如防护门被打开），则机器人将以安全停止 1 的方式停机，只有当防护装置已重新关闭并且关闭前得到了确认之后，才可以继续自动运行方式。该确认可以避免在危险区域中有人员停留时因疏忽（比如防护门意外闭合）而继续自动运行，在确认前必须先对危险区域进行实际检查，其他情况的确认（比如在防护装置关闭时自动确认）是不允许的。

在手动慢速运行方式（T1）和手动快速运行方式（T2）下，操作人员防护装置会处于未激活状态。

4. SmartPAD 确认装置

KUKA 工业机器人的确认装置是 SmartPAD 上的确认开关（使能按键）。SmartPAD 上装有 3 个确认开关。每个确认开关都具有 3 个位置，分别为未按下、中间位置、完全按下（警报位置）。只有当一个确认开关保持在中间位置时，方可在测试运行方式下运行机械手。松开确认开关会触发一个安全停止 2，完全按下确认开关会触发一个安全停止 1。可以同时将 2 个确认开关保持在中间位置长达 15 秒。这样，便可以从一个确认开关移至另一个。如果确认开关同时保持在中间位置超过 15 秒，则将触发一个安全停止 1。

5. 外部确认装置

在工业机器人的危险区域内有多个人员停留的情况下，外部确认开关的使用是非常有必要的，这样可以保证每个人都离开危险区域并且得到确认之后才可以继续启动工业机器人并运行。

6. 外部安全运行停止装置

外部安全停止信号通过接口 X11 的输入端触发，当该信号为 FALSE 时，机器人一直保持静止状态；当信号为 TRUE 时，机器人才可以移动，此安全停止信号无需确认。

7. 外部安全停止 2 装置

当选择 X11 作为外部安全接口时，只有外部安全停止 STOP2 可用；外部安全停止 STOP2 信号可通过 X11 的输入端被触发。当信号为 FALSE 时，机器人一直保持静止；当信号为 TRUE 时，机器人可以重新移动，此停止信号无需确认。

（二）设备安全防护装置

1. 轴的机械限位

为了避免机器人轴运动时超出范围，而导致机器人损坏，我们可以看到 KUKA 机器人通常在 A1、A2、A3、A5 轴安装了带缓冲器的机械限位。

2. 轴的软件限位

软件限位可限制轴的运动范围，可防止机器人轴运动到机械限位；当软件限位无效时，最终由机械限位来保护，但我们操作时尽可能避免轴运动超出机械限位，因为高速运行时撞击机械限位会使机器人无法保证继续可靠地精准运行。

3. 机器人的干涉区

当同一个工作区有多台机器人同时作业时，应该从程序上考虑先后顺序，避免出现机器人相互碰撞；若有必要，应该规划干涉分区，每个分区机器人相互之间应该有交互信号。

（三）运行方式与防护功能对应的关系

运行方式与防护功能对应的关系见表 4.4。

表 4.4 运行方式与防护功能对应的关系

防护功能	T1 模式	T2 模式	AUT 模式	AUT EXT 模式
操作人员防护装置	—	—	激活	激活
紧急停止装置	激活	激活	激活	激活
SmartPAD 的使能开关	激活	激活	—	—
程序验证时低速运行	激活	—	—	—
点动运行	激活	激活	—	—
软件限位开关	激活	激活	激活	激活

任务三　项目测试

<table>
<tr><td>姓名</td><td></td><td>项目名称</td><td></td></tr>
<tr><td>指导教师</td><td></td><td>小组人员</td><td></td></tr>
<tr><td>时间</td><td></td><td>备注</td><td></td></tr>
<tr><td colspan="4">测试内容</td></tr>
<tr><td colspan="4">1.认识 X11，了解其功能。
2.认识安全防护装置。
3.使用防护装置。</td></tr>
<tr><td colspan="4">测试解答</td></tr>
<tr><td colspan="4">1.插头 X11 主要用于什么作用功能？</td></tr>
<tr><td colspan="4">2.人身安全防护装置有哪些？</td></tr>
<tr><td colspan="4">3.设备安全防护装置有哪些？</td></tr>
<tr><td colspan="2">项目考核点</td><td colspan="2">评分</td></tr>
<tr><td colspan="2">对插头 X11 的理解</td><td colspan="2"></td></tr>
<tr><td colspan="2">对人身安全防护装置的理解</td><td colspan="2"></td></tr>
<tr><td colspan="2">对设备安全防护装置的理解</td><td colspan="2"></td></tr>
<tr><td colspan="2">正确使用防护装置</td><td colspan="2"></td></tr>
<tr><td colspan="2">是否符合工业机器人操作规范</td><td colspan="2"></td></tr>
<tr><td colspan="2">解答题得分</td><td colspan="2"></td></tr>
<tr><td colspan="2">评分教师</td><td colspan="2"></td></tr>
</table>

安全提示：请注意站在机器人工作范围以外进行示教操作，以防机器人突然动作误伤！

项目十一　零点标定

【项目分析】

本项目介绍了零点标定的重要性和零点标定的方法，也反映了动手能力，因为本项目涉及相关专业工具的使用；主要理解零点标定的原理和零点标定的时期。

任务一　零点标定的重要性

零点标定的重要性

【任务分析】

本任务着重讲了关于零点标定的重要性，在什么时候需要进行零点标定，以及 KUKA 机器人的零点位置（角度）值。

（一）为什么需要零点标定？

工业机器人在正确地标定零点后，它的使用效果才会最好。零点标定后才能使机器人达到它最高的重复点精度和轨迹精度，并且能够完全以编程设定的动作进行运动。零点标定的过程是给机器人的每一个轴分配一个基准值。

不同系列的机器人各个轴的零点参考位置（零点位置的角度值）是不同的，见表 4.5。

表 4.5　机械零点位置的角度值

轴编号	Quantec 系列	其他系列（例如：KR16）
A1	-20°	0°
A2	-120°	-90°
A3	+120°	+90°
A4	0°	0°
A5	0°	0°
A6	0°	0°

如果机器人轴未经零点标定，则会严重限制机器人的功能：

（1）无法编程运行。

（2）无法自动运行程序。

（3）不能在笛卡儿坐标系中移动。

（4）软件限位是关闭的。

对于未标定零点的机器人，软件限位是关闭的，那么机器人可能会驶向机械限位，由此可能会使缓冲器受损；应尽可能不去运行未标定零点的机器人，因特殊原因需要调整机器人姿态或者零点标定时需要尽量减小手动倍率。

（二）何时（地）需要零点标定？

原则上，机器人必须时刻处于已标定零点的状态。在以下情况中必须进行零点标定：

（1）在新设备投入运行时。

（2）在对参与定位值感测的部件（如带分解器或 RDC 的电机）采取了维护措施之后。

（3）当未用控制器移动了机器人轴（如借助于自由旋转装置）时。

（4）进行了机械修理后（如更换齿轮箱）。

（5）以高于 250mm/s 的速度上行移至一个终端止挡之后。

（6）机器人发生碰撞后。

对于已经标定过零点的机器人需要重新标定零点时，必须先删除机器人的零点才可以重新标定零点。

删除零点的方法：①进入主菜单中选择“投入运行”；②选择“调整”；③选择“去调节”；④选择想要删除零点的轴进行删除。

任务二　进行零点标定

【任务分析】

本任务介绍了零点标定需要使用的特殊工具和工具的原理，以实际的标定过程进行了讲解；对此，也需要有比较熟练的操作技能，在此任务之前应能够熟练地操作机器人运动。

（一）零点标定工具及标定原理

零点标定原理、工具讲解

1. 零点标定的工具

KUKA 机器人零点标定提供两种标定方式，即使用 EMD 电子校准装置和千分表校准装置，如图 4.5 和图 4.6 所示。通过校准装置可为每个轴找到机械零点位置，然后指定一个基准值，这样可以使各个关节轴的机械零点和电气零点保持一致。

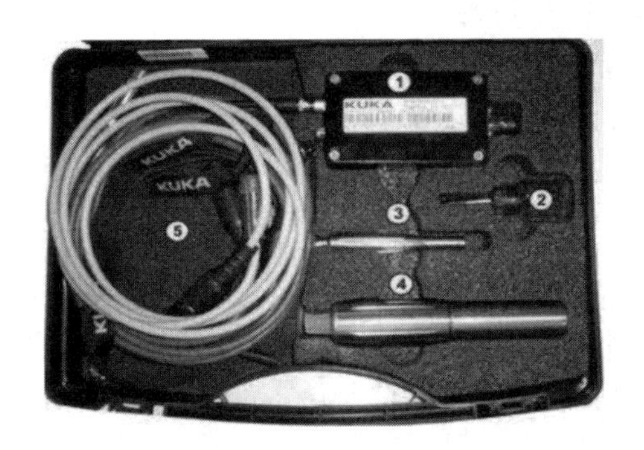

图 4.5　EMD 电子校准装置

图 4.6　千分表校准装置

2. 零点标定的原理

零点标定的原理如图 4.7 所示，移动机器人轴，使探针到达测量槽的最深点即机器人轴的零点标定位置；在测量之前应先保证机器人轴已移动到预零点标定位置。

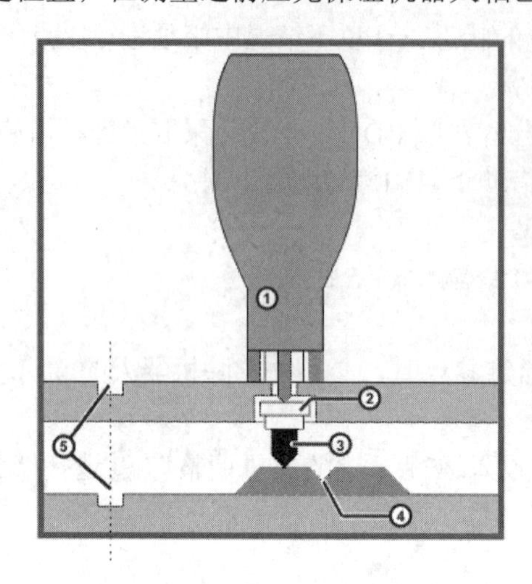
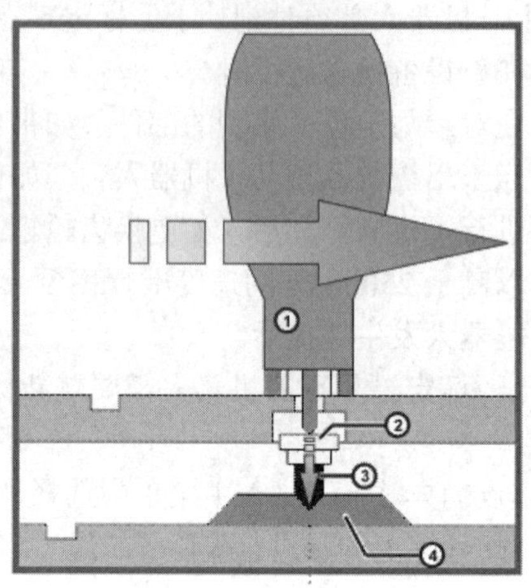

①EMD 或者千分表；②测量套筒；③探针；④测量槽；⑤预零点标定标记

图 4.7　零点标定原理图

零点标定是通过确定轴的机械零点的方式进行，机器人每根轴都配有一个零点标定套筒和一个零点标定标记。

使用 EMD 电子校准装置（图 4.8），机器人可以自动寻找零点位置。在此过程中轴将一直运动，直至达到机械零点为止，探针到达测量槽最深点即零点位置。

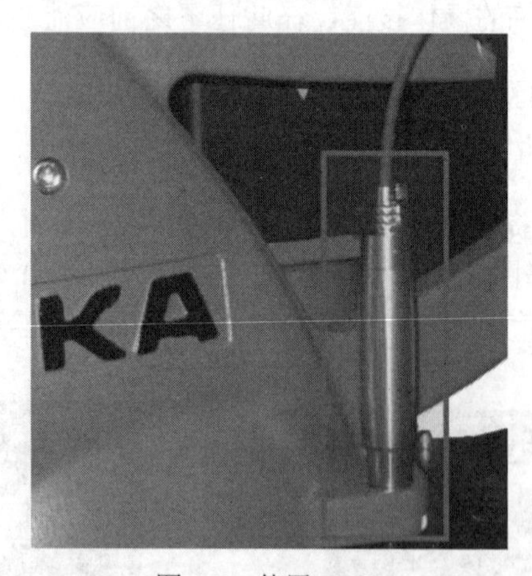

图 4.8　使用 EMD

使用千分表校准装置（图 4.9），在此情况下需要眼睛配合观察千分表的变化，在此过程中需要手动操作机器人的轴进行移动，且速度不能过快（建议使用增量式移动），在观察到千分表指针有明显的从逆时针突然换向为顺时针旋转时，在其换向的刻度点就是测量槽的最深点即零点位置。

图 4.9　使用千分表

零点标定演示

（二）零点标定方法

1. 首次标定零点

只有当机器人没有负载时才可以执行首次零点标定。机器人六轴法兰不得安装工具和附加负载。首次零点标定的具体操作步骤如下：

（1）将需要标定的机器人关节轴移动至预零点标定的位置，即刻度线对齐，如图 4.10 所示。

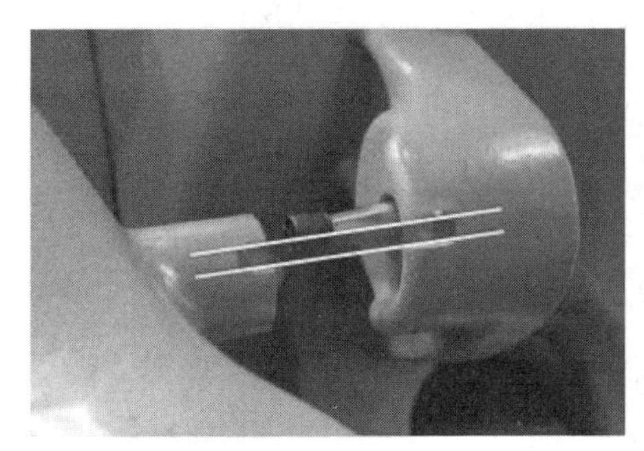

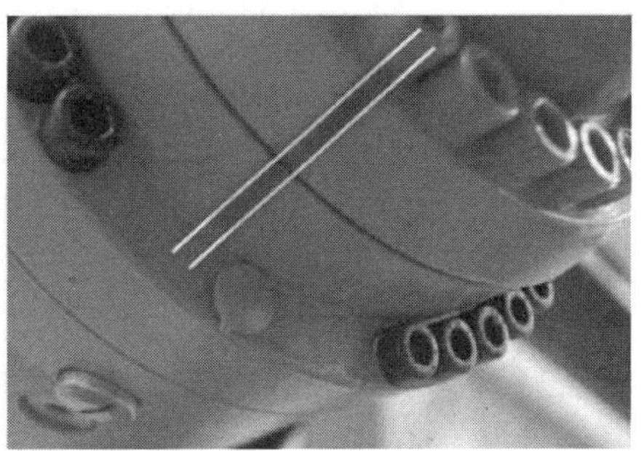

图 4.10　轴的预零点标定位置刻度线

（2）进入主菜单，在菜单中选择“投入运行”→“调整”→“EMD”→“带负载校正”→“首次调整”，如图 4.11 所示，在弹出的窗口中我们可以看到所有待标定的轴，选定编号最小的轴。

图 4.11　零点标定菜单

（3）取下被选定轴的测量筒防护盖，将 EMD 拧到测量筒上，如图 4.12 所示。

图 4.12　将 EMD 拧到测量筒上

（4）将 EMD 测量导线连接到 EMD 接口，另一端连接到机器人的接线盒 X32 接口上，如图 4.13 所示。

图 4.13　已装好 EMD

（5）选择 SmartPAD 上的“零点标定”，按住使能开关至中间档位并且保持，再按下启动按键并保持，机器人开始自动运行，直到 EMD 到达零点标定位置，机器人会自动停止运行，数据被保存，并且该关节轴在窗口中消失。

（6）将导线从 EMD 上取下来，然后从测量筒上取下 EMD，并且将防护盖重新装好；继续按照步骤（2）至步骤（5）测量其他需要测量的轴，全部测量完成后，关闭窗口。标定完成后擦拭并且整理好 EMD 和电缆，放回工具箱妥善保管，否则会造成 EMD 损坏。

2. 零点校正的偏量学习

为何需要进行偏量学习呢？安装在机器人法兰上的工具是有重量的，由于部件和齿轮箱上的材料固有弹性，使得未承载的机械手臂和承载的机械手臂相比其位置上会有所区别，这将影响机器人的精度。

偏量学习需要带负载进行，同首次零点标定（无负载）的差值会被保存。只有经过偏量学习的机器人才具有较高的精度。偏量学习的具体操作步骤如下：

（1）将需要标定的机器人关节轴移动至预零点标定的位置。

（2）进入主菜单，在菜单中选择“投入运行”→“调整”→“EMD”→“带负载校正”→“偏量学习”。

（3）输入工具编号，点击“工具 OK”确认。随即打开一个窗口，所有工具尚未学习的轴都会显示出来，然后选定编号最小的轴。

（4）将 EMD 测量导线连接到 EMD 接口，另一端连接到机器人的接线盒 X32 接口上。

（5）选择 SmartPAD 上的“学习”，按住使能开关至中间档位并且保持，再按下启动按键并保持，机器人开始自动运行，直到 EMD 到达零点标定位置，机器人会自动停止运行，随即打开一个窗口，该轴上与首次零点标定的偏差会以增量和度的形式显示出来。

（6）点击“OK”进行确认，该轴在窗口中消失。

（7）将导线从 EMD 上取下来，然后从测量筒上取下 EMD，并且将防护盖重新装好；继续按照步骤（2）至步骤（6）测量其他需要测量的轴，全部测量完成后，关闭窗口。标定完成后擦拭并且整理好 EMD 和电缆，放回工具箱妥善保管，否则会造成 EMD 损坏。

任务三 项目测试

姓名		项目名称	
指导教师		小组人员	
时间		备注	
测试内容			
1.使用千分表进行零点标定。 2.进行偏量学习。			
测试解答			
1.为何要进行零点标定？			
2.零点标定的方法有几种？			
3.为何要进行偏量学习？			

项目考核点	评分
对机器人零点标定的理解	
会使用标定工具	
标定是否正确	
对零点标定的操作熟练度	
是否符合工业机器人操作规范	
解答题得分	
评分教师	

安全提示：请注意站在机器人工作范围以外进行示教操作，以防机器人突然动作误伤！

项目十二　建立工具坐标系

【项目分析】

本项目主要了解工具坐标系，学习建立工具坐标系，分析使用工具坐标系的优势。

建立工具坐标系讲解

建立工具坐标系演示

任务一　了解工具坐标系

【任务分析】

本任务主要以了解工具坐标系为目的，在我们学习和使用工具坐标系前应该清楚地了解工具坐标系的作用和用途。

（一）工具坐标系介绍

工具坐标系是因安装在机器人末端的工具而定义的坐标系。原本的工具坐标系原点及方向都是随着机器人末端法兰中心位置与角度不断变化的，测量工具意味着生成一个以工具参照点为原点的坐标系（图 4.14），该参照点称为 TCP（Tool Center Point，工具中心点），该坐标系即工具坐标系。

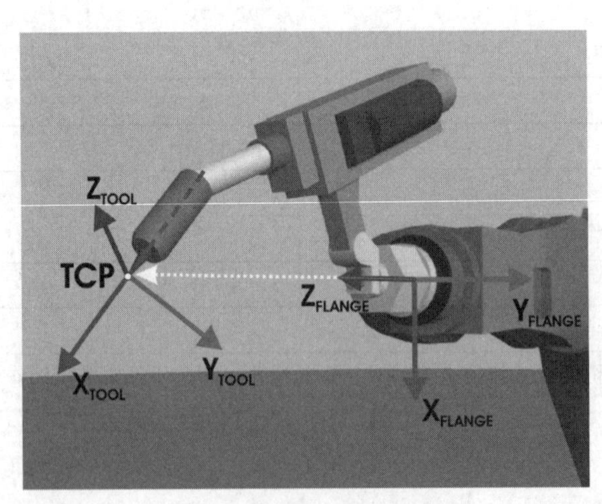

图 4.14　工具坐标系测量原理

工具坐标系必须事先进行设定，可以根据工具的外形、尺寸等建立与工具相对应的工具坐标系。建立工具坐标系包括：

（1）TCP（坐标系原点）的测量。

（2）坐标系姿态/朝向的测量。

（二）工具坐标系的优势

1. 改善手动移动的操作性

（1）可围绕 TCP 改变姿态，如图 4.15 所示。

（2）可沿工具作业方向移动，如图 4.16 所示。

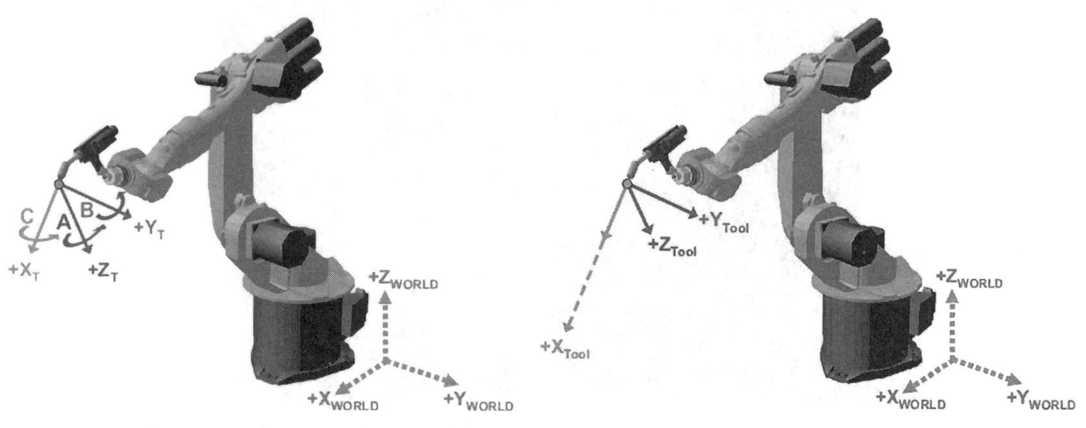

图 4.15　围绕 TCP 改变姿态　　图 4.16　TCP 作业方向

2. 在运动编程时的好处

（1）可以沿着 TCP 上的轨迹保持已编程的运行速度，如图 4.17 所示。

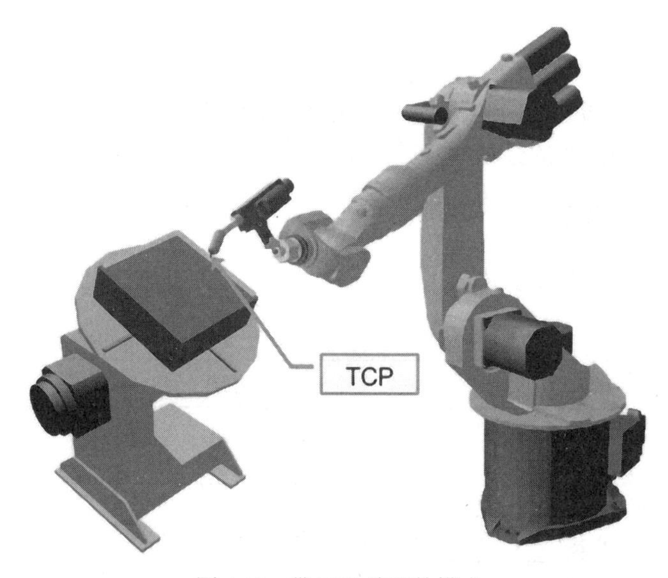

图 4.17　带 TCP 编程的模式

（2）定义的姿态可沿着轨迹运动，如图 4.18 所示。

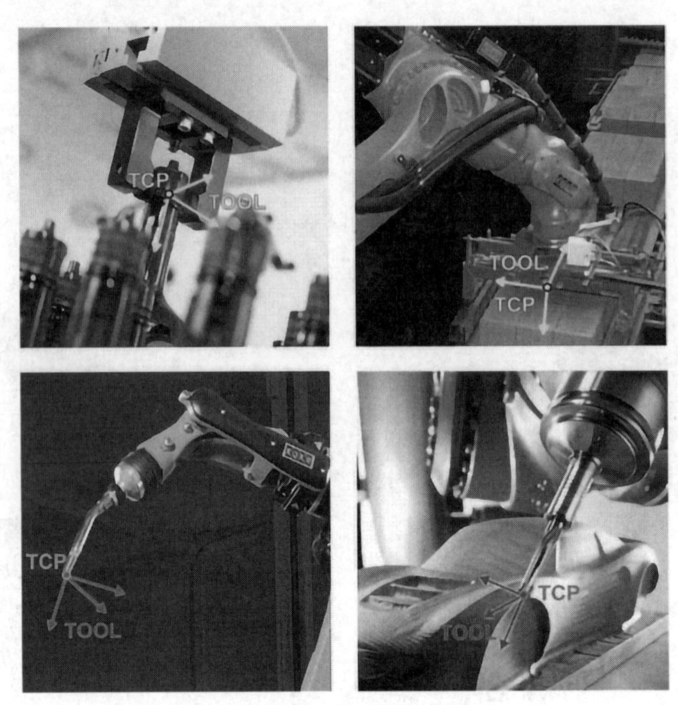

图 4.18　不同定义的姿态

任务二　建立工具坐标系

【任务分析】

通过实际的操作，验证工具坐标系的好处往往比理论更容易理解。本项目主要以实际操作为目的，详细地讲解操作的过程和步骤，学习建立工具坐标系。

（一）测量工具的方法

测量工具的方法与步骤如表 4.6。

表 4.6　工具测量方法

步骤	测量方法
1	测量工具坐标系的原点。 方法：①XYZ 4 点法；②XYZ 参照法
2	测量工具坐标系的姿态。 方法：①ABC 世界坐标法；②ABC 2 点法
或者	直接输入工具原点至法兰中心点的距离值（X，Y，Z）和转角（A，B，C）

（二）使用 XYZ 4 点法测量 TCP

1. 测量的要素

将待测量工具的 TCP 从 4 个不同方向移向一个参照点，参照点可以任意选择。机器人控制系统从不同的法兰位置值中计算出 TCP。

注意：移至参照点的 4 个法兰位置彼此间隔必须足够远，并且不得位于同一平面内。

2. 测量 TCP 的步骤

（1）进入主菜单，选择“投入运行”→“测量”→“工具”→“XYZ 4 点”。

（2）为待测量的工具给定一个号码和一个名称，例如编号为 5 的工具，工具名称为 GUN。点击“继续”确定。

（3）用 TCP 移至第一个任意参照点，如图 4.19 所示，点击“测量”，弹出对话框“是否应用当前位置？继续测量”，点击“是”进行确定。

（4）用 TCP 移至第二个任意参照点，如图 4.20 所示，点击“测量”，弹出对话框“是否应用当前位置？继续测量”，点击“是”进行确定。

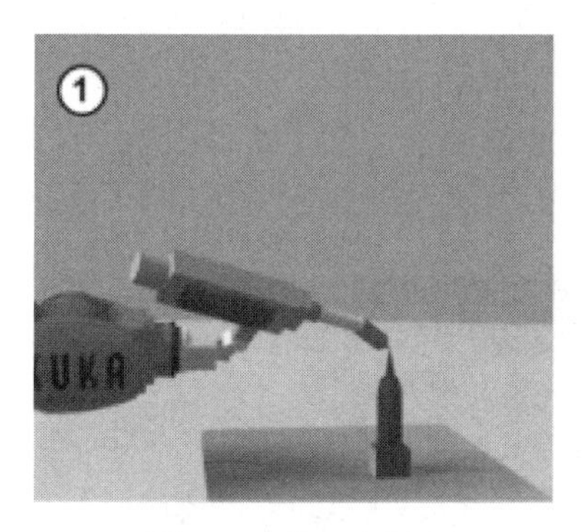

图 4.19　第一参照点

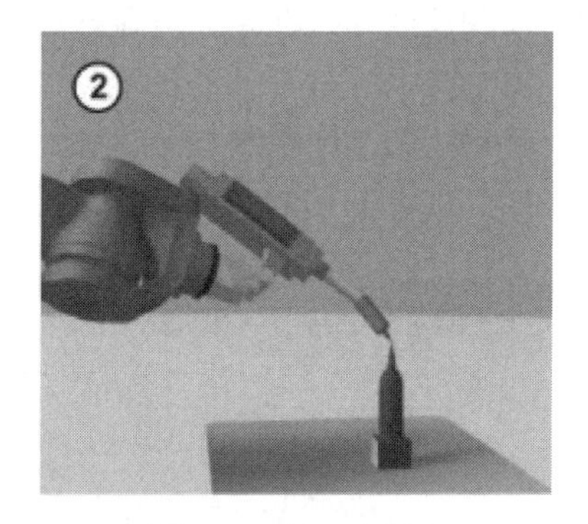

图 4.20　第二参照点

（5）用 TCP 移至第三个任意参照点，如图 4.21 所示，点击“测量”，弹出对话框“是否应用当前位置？继续测量”，点击“是”进行确定。

（6）用 TCP 移至第四个任意参照点，可以垂直对准参照的尖点，这样可以使我们的 TCP 作业方向 X 垂直于世界坐标系的 Z 方向，如图 4.22 所示，点击“测量”，弹出对话框“是否应用当前位置？继续测量”，点击“是”进行确定。

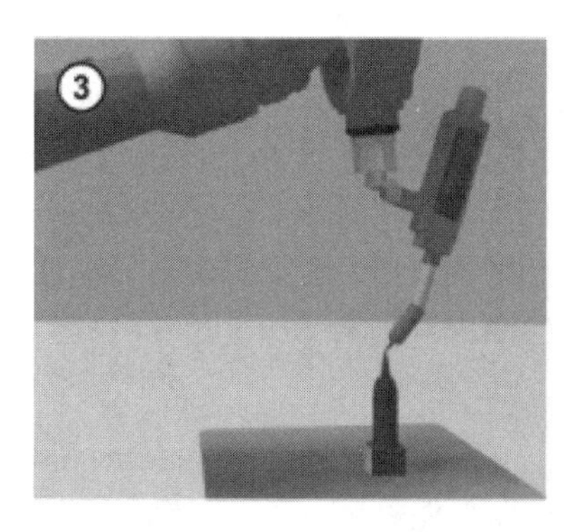

图 4.21　第三参照点

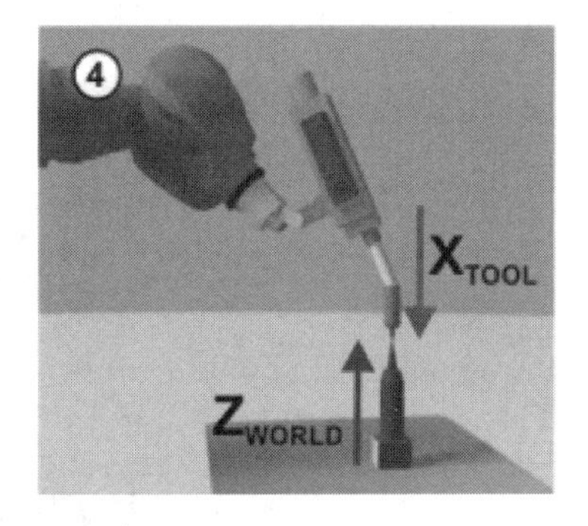

图 4.22　第四参照点

（7）完成 4 个点的测量之后自动打开负载数据输入窗口，可以看到测量的精度和误差值，如果对测量精度不满意可以返回重新测量，满意则输入正确的负载数据，点击“保存”存储数据。

（三）使用 ABC 2 点法测量姿态

1. 测量的要素

通过趋近 X 轴上一个点和 XY 平面上一个点的方法，机器人控制系统即可得知工具坐标系的各轴。当轴方向必须特别精确地确定时，将使用此方法。

2. 测量姿态的步骤

注意，下述操作步骤适用于工具碰撞方向为默认碰撞方向（X 向）的情况。如果碰撞方向改为 Y 向或 Z 向，则操作步骤也必须相应地进行更改。

（1）测量姿态的前提条件是，TCP 已经通过 XYZ 法测量。

（2）进入主菜单，选择“投入运行”→“测量”→“工具”→“ABC 2 点”。

（3）输入已经安装好并且正确测量过 TCP 的工具编号，点击“继续”确认。

（4）用 TCP 移至任意一个参考点，如图 4.23 所示。点击“测量”，选择“继续”进行确认。

（5）移动工具，使参照点在 X 轴上与一个为负 X 值的点重合（即与作业方向相反，图 4.24）。点击“测量”，选择“继续”进行确认。

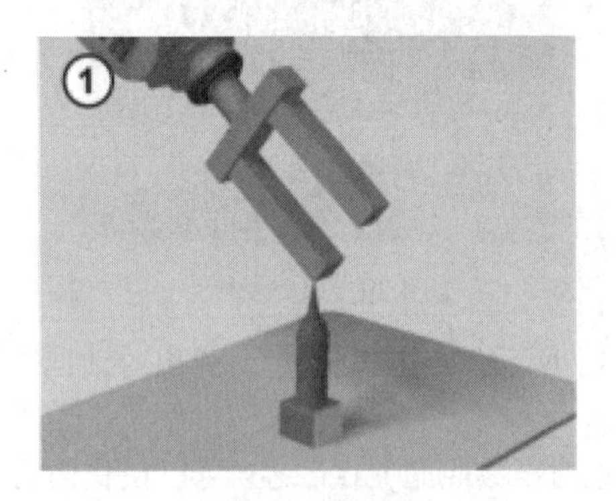

图 4.23　参照点

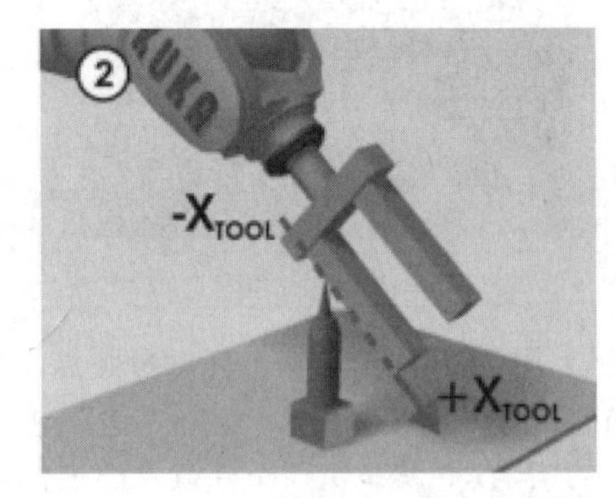

图 4.24　确定 X 方向

（6）移动工具，使参照点在 XY 平面上与一个在正 Y 向上的点重合，如图 4.25 所示。点击“测量”，选择“继续”进行确认。

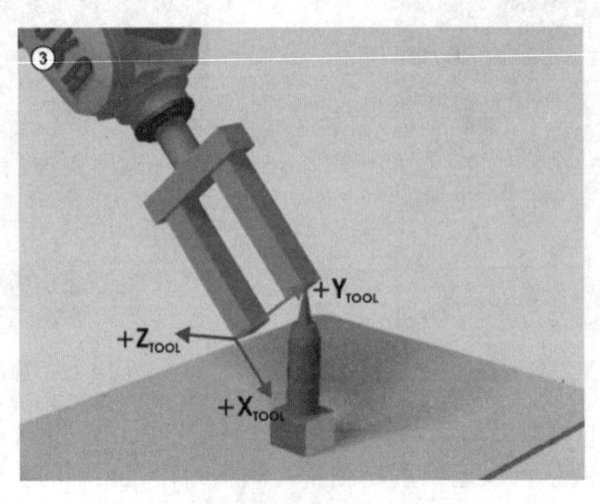

图 4.25　确定 Y 方向

（7）点击“保存”将数据保存，然后关闭窗口。或者直接点击“负载数据”，自动保存数据后会打开负载数据窗口，在此窗口我们可以更改或者输入负载数据。

任务三　项目测试

<table>
<tr><td>姓名</td><td></td><td>项目名称</td><td></td></tr>
<tr><td>指导教师</td><td></td><td>小组人员</td><td></td></tr>
<tr><td>时间</td><td></td><td>备注</td><td></td></tr>
<tr><td colspan="4">测试内容</td></tr>
<tr><td colspan="4">1.建立工具坐标系。
2.使用工具坐标系。</td></tr>
<tr><td colspan="4">测试解答</td></tr>
<tr><td colspan="4">1.使用工具坐标系的好处是什么？</td></tr>
<tr><td colspan="4">2.工具坐标系可以建立多少个？</td></tr>
<tr><td colspan="4">3.建立工具坐标系有几种方法？</td></tr>
<tr><td colspan="2">项目考核点</td><td colspan="2">评分</td></tr>
<tr><td colspan="2">对机器人工具坐标系的理解</td><td colspan="2"></td></tr>
<tr><td colspan="2">使用工具坐标系</td><td colspan="2"></td></tr>
<tr><td colspan="2">速度是否设置正确</td><td colspan="2"></td></tr>
<tr><td colspan="2">对工具坐标系移动操作的熟练度</td><td colspan="2"></td></tr>
<tr><td colspan="2">是否符合工业机器人操作规范</td><td colspan="2"></td></tr>
<tr><td colspan="2">解答题得分</td><td colspan="2"></td></tr>
<tr><td colspan="2">评分教师</td><td colspan="2"></td></tr>
</table>

安全提示：请注意站在机器人工作范围以外进行示教操作，以防机器人突然动作误伤！

项目十三　建立基坐标

【项目分析】

通过本项目的学习，明白基坐标的运用场合和必要性，经过练习能够理解基坐标的建立方法，了解使用基坐标系的优势。

任务一　了解基坐标系

建立基坐标系讲解

【任务分析】

通过“建立工具坐标系”的项目学习，应该对建立坐标系有深刻的理解，那么建立工具坐标系就容易很多。本任务主要以了解基坐标系为主，了解基坐标系的作用和它的优势。

（一）基坐标系介绍

基坐标系是根据世界坐标系在机器人周围的某一个位置上创建坐标系。其目的是使机器人的运动以及编程设定的位置均以该坐标系为参照。因此，设定的工件支座和抽屉的边缘、货盘或机器的外缘均可作为基准坐标系中合理的参照点。

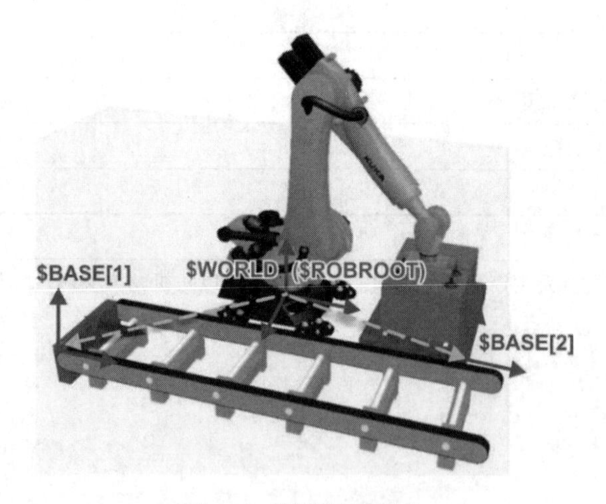

图 4.26　基坐标系测量

（二）基坐标系的优势

建立基坐标后有以下优点：

（1）可以沿着工件或者工作台面的边缘移动 TCP 点，如图 4.27 所示。

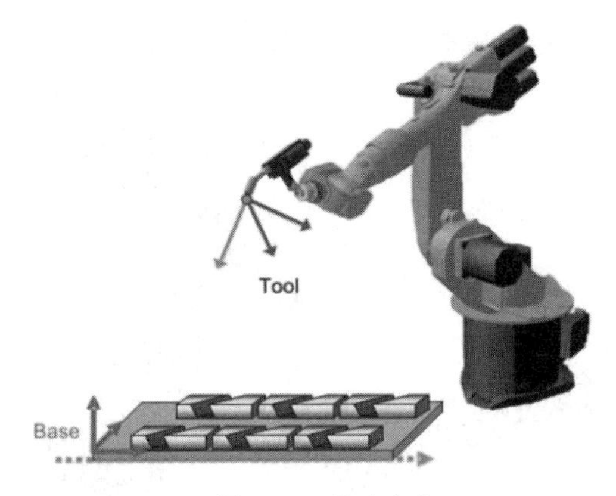

图 4.27　移动方向

（2）示教编程的点以所选的坐标系为参照，如图 4.28 所示。

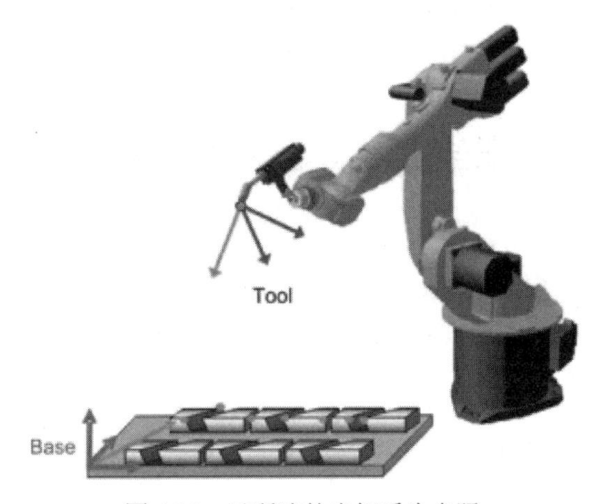

图 4.28　以所选的坐标系为参照

（3）可以参照基坐标对点进行示教编程，例如由于工作面被移动，基坐标将重新建立，这些点也随之移动，就不必重新进行示教编程，如图 4.29 所示。

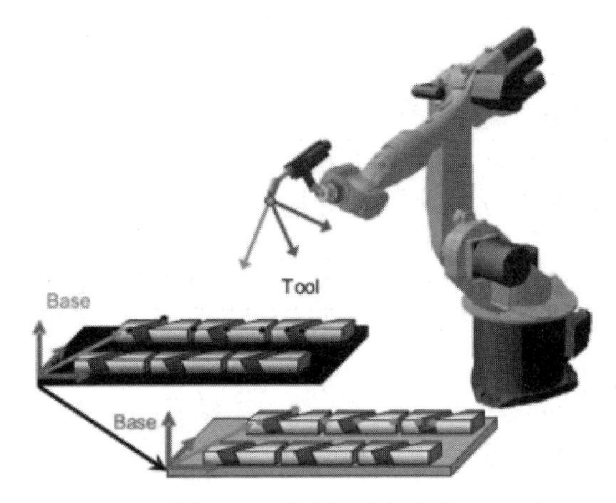

图 4.29　基坐标系的位移

（4）最多可建立32个不同的基坐标系，并根据程序流程加以应用，如图4.30所示。

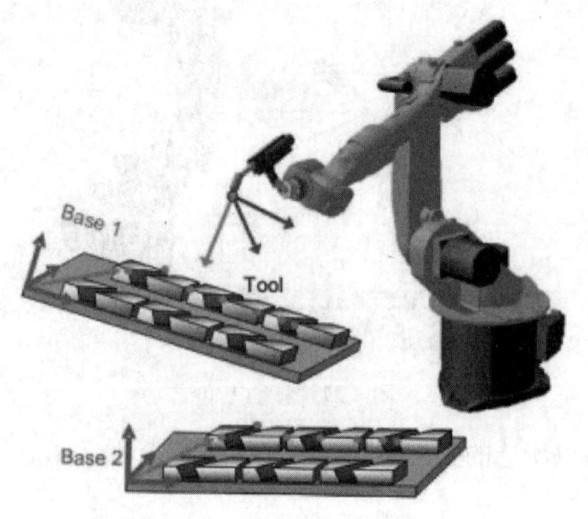

图4.30 使用多个基坐标系

任务二 建立基坐标系

建立基坐标系演示

【任务分析】

本任务主要了解建立基坐标系的方法，使用合适的建立坐标系方法进行实际的练习，以常用的测量方法进行讲解。

（一）建立基坐标系的方法

表4.7中讲述了测量基坐标的方法。

表4.7 基坐标测量方法

方法	说明
3点法	1.定义原点 2.定义X轴正方向 3.定义Y轴正方向（XY平面）
间接法	当无法移至基坐标原点时，例如，由于该点位于工件内部，或位于机器人工作空间之外时，须采用间接法。此时须移至基坐标的4个点，其坐标值必须已知（CAD数据）。机器人控制系统根据这些点计算基坐标
数字输入	直接输入至世界坐标系的距离值（X，Y，Z）和转角（A，B，C）

（二）使用3点法测量基坐标

测量基坐标系主要分为两个步骤：

（1）确定坐标原点。

（2）定义坐标方向。

注意，基坐标测量只能用一个事先已测量好的工具进行（TCP 必须为已知的）。

测量步骤：

（1）在主菜单中选择投入“运行”→“测量”→“基坐标系”→“3 点”。

（2）为基坐标分配一个号码和一个名称，点击“继续”确认。

（3）输入需用其 TCP 测量基坐标的工具的编号，点击“继续”确认。

（4）用 TCP 移到新基坐标系的原点，如图 4.31 所示。点击“测量”并点击“是”确认位置。

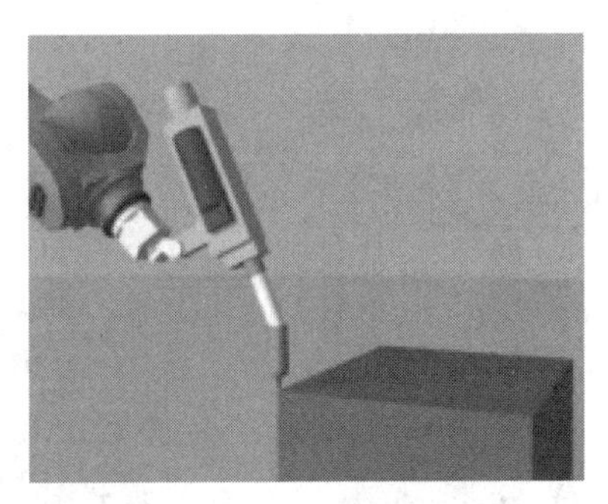

图 4.31　第一个点：原点

（5）将 TCP 移至新基坐标系正向 X 轴上的一个点，如图 4.32 所示。点击“测量”并点击“是”确认位置。

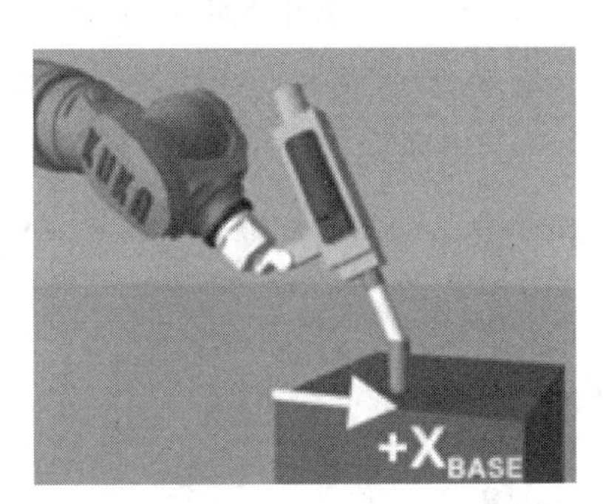

图 4.32　第二个点：X 方向

（6）将 TCP 移至 XY 平面上一个带有正 Y 值的点，如图 4.33 所示。点击“测量”并点击“是”确认位置。

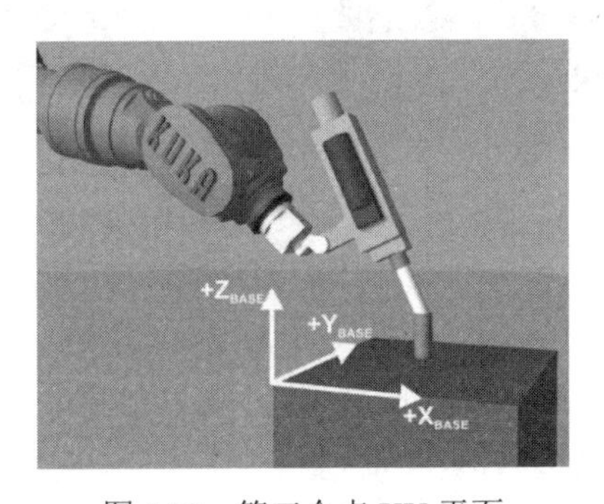

图 4.33　第三个点 XY 平面

（7）点击“保存”，关闭菜单，测量完成。

（三）查看机器人当前位置

1．机器人位置的显示方式

显示方式有两种：

（1）以轴坐标显示，如图 4.34 所示。

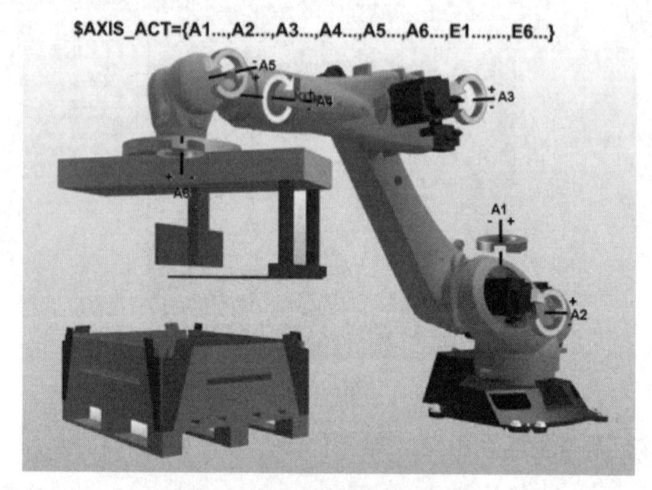

图 4.34　轴坐标中的机器人位置

（2）以笛卡儿坐标系显示，如图 4.35 所示。当选择了正确的基坐标系和正确的工具时，笛卡儿坐标系中的实际位置才能显示出所期望的值。

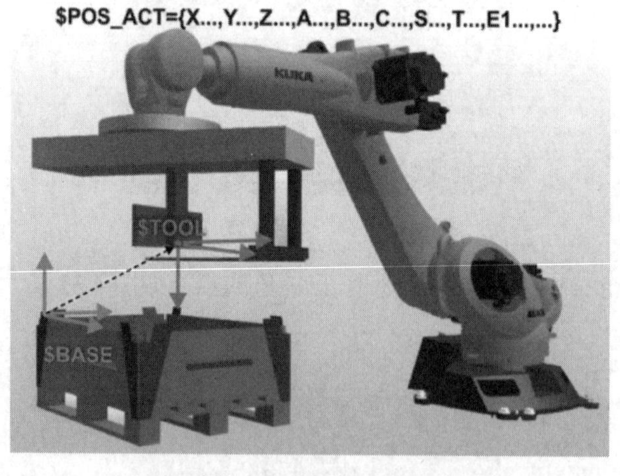

图 4.35　笛卡儿位置

2．查看机器人的位置

操作步骤如下：

（1）在菜单中选择“显示”→“实际位置”，将显示笛卡儿式实际位置。

（2）按轴坐标以显示轴坐标式的实际位置。

（3）按笛卡儿以再次显示笛卡儿式的实际位置。

任务三　项目测试

<table>
<tr><td>姓名</td><td></td><td>项目名称</td><td></td></tr>
<tr><td>指导教师</td><td></td><td>小组人员</td><td></td></tr>
<tr><td>时间</td><td></td><td>备注</td><td></td></tr>
<tr><td colspan="4">测试内容</td></tr>
<tr><td colspan="4">1.建立基坐标系。
2.使用基坐标系。</td></tr>
<tr><td colspan="4">测试解答</td></tr>
<tr><td colspan="4">1.使用基坐标系的好处是什么？</td></tr>
<tr><td colspan="4">2.基坐标系可以建立多少个？</td></tr>
<tr><td colspan="4">3.建立基坐标系有几种方法？</td></tr>
<tr><td colspan="2">项目考核点</td><td colspan="2">评分</td></tr>
<tr><td colspan="2">对机器人基坐标系的理解</td><td colspan="2"></td></tr>
<tr><td colspan="2">使用基坐标系</td><td colspan="2"></td></tr>
<tr><td colspan="2">速度是否设置正确</td><td colspan="2"></td></tr>
<tr><td colspan="2">对基坐标移动操作的熟练度</td><td colspan="2"></td></tr>
<tr><td colspan="2">是否符合工业机器人操作规范</td><td colspan="2"></td></tr>
<tr><td colspan="2">解答题得分</td><td colspan="2"></td></tr>
<tr><td colspan="2">评分教师</td><td colspan="2"></td></tr>
</table>

安全提示：请注意站在机器人工作范围以外进行示教操作，以防机器人突然动作误伤！

项目十四　数据备份与还原

【项目分析】

系统的一般故障可以通过备份与还原来解决，本项目对备份和还原进行详细的讲解。

任务一　存档数据

存档数据讲解

存档数据演示

【任务分析】

通过本任务的学习，掌握 KUKA 机器人系统合适存档途径和工具的选用，并了解可以备份的数据，可以根据需要进行数据备份；了解备份操作的步骤等。

（一）存档的途径

在每个存档过程中均会在相应的目标媒质上生成一个 ZIP 文件，该文件与机器人同名。在机器人数据下可改变个别文件名。在每个保存档过程中，除了将生成的 ZIP 文件保存在所选的存储媒质上之外，还在驱动器 D:\上保存一个存档文件（INTERN.ZIP）。

有三个不同的存储位置可供选择：

（1）USB 接口（KCP）：KCP（SmartPAD）上的 U 盘。

（2）USB（控制柜）：机器人控制柜上的 U 盘。

（3）网络：在一个网络路径上存档。

（二）存档的内容

可选择以下数据进行存档：

（1）全部：将存档当前系统所需的全部数据存档。

（2）应用：所有用户自定义的 KRL 模块（程序）和相应的系统文件均被存档。

（3）机器参数：将机器参数存档。

（4）Log 数据：将 Log 文件存档。

（5）KrcDiag：将数据存档，以便将其提供给库卡机器人公司进行故障分析。在此将生成一个文件夹（名为 KRCDiag），其中可写入十个 ZIP 文件。除此之外，在控制器中将存档文件存放在 C:\KUKA\KRCDiag 下。

（三）存档的方法

进行存档的具体操作步骤：

（1）准备一个干净无病毒的 U 盘，建议使用带数据读写指示灯的 U 盘。

（2）进入菜单，选择“文件”→“存档”→“USB（KCP）”或者“USB（控制柜）”以及所需的选项。

（3）点击“是”，开始备份，备份过程中请勿操作示教器以免出错，当存档过程结束时，将在信息窗口中显示出来。

（4）在U盘上的数据读写指示灯没有闪烁或者熄灭后，方可取下U盘。

任务二　还原数据

还原数据讲解

还原数据演示

【任务分析】

本任务以恢复数据为学习内容，通过备份的数据，当我们机器人系统遇到不可在短时间内解决的问题时，可以使用还原数据的方式恢复系统，缩短故障维修时间。

（一）还原的内容

通常情况下，只允许载入具有相应软件版本的文档。如果载入其他文档，则可能出现以下后果：

（1）故障信息。

（2）机器人控制器无法运行。

（3）人员受伤以及财产损失。

如果还原了不是相应软件版本的文档，系统发出的故障信息一般有以下两种：

（1）已存档文件版本与系统中的文件版本不同。

（2）工艺程序包的版本与已安装的版本不一致。

在还原数据时可以选择以下内容选项：

（1）全部：将还原当前系统所需的数据存档。

（2）应用程序：所有用户自定义的KRL模块（程序）和相应的系统文件均被还原。

（3）配置：将还原当前系统的机器参数。

（二）还原的方法

进行还原的具体操作步骤：

（1）将带有备份数据的U盘插入“USB（KCP）”或者“USB（控制柜）”。

（2）进入菜单，选择“文件”→“还原”，然后选择所需的子项。

（3）点击“是”，开始还原，还原过程中请勿操作示教器以免出错。已存档的文件在机器人控制系统里重新恢复，当恢复过程结束时，屏幕出现相关的消息。

（4）还原完成后，当U盘上的数据读写指示灯没有闪烁或者熄灭后，方可取下U盘。

（5）重新启动机器人控制系统。

任务三　通过运行日志了解程序和状态变更

【任务分析】

当机器人系统出现故障或者报警信息时，我们可以通过日志来查找故障原因。本任务主要讲解日志功能的作用和使用方法。

（一）日志的内容

用户在 SmartPAD 上的操作过程会被自动记录下来，指令运行日志用于显示记录。运行日志信息如图 4.36 所示，运行日志界面说明见表 4.8。

图 4.36　运行日志

表 4.8　日志事件界面说明

序号	说明
①	日志事件的类型：各个筛选类型和筛选等级均列在选项卡筛选器中
②	日志事件的编号
③	日志事件的日期和时间
④	日志事件的简要说明
⑤	所选日志事件的详细说明
⑥	显示有效的筛选器

显示运行日志信息在查看时还可以进行筛选，经过筛选就可以看到想要看到的信息，如图 4.37 所示。

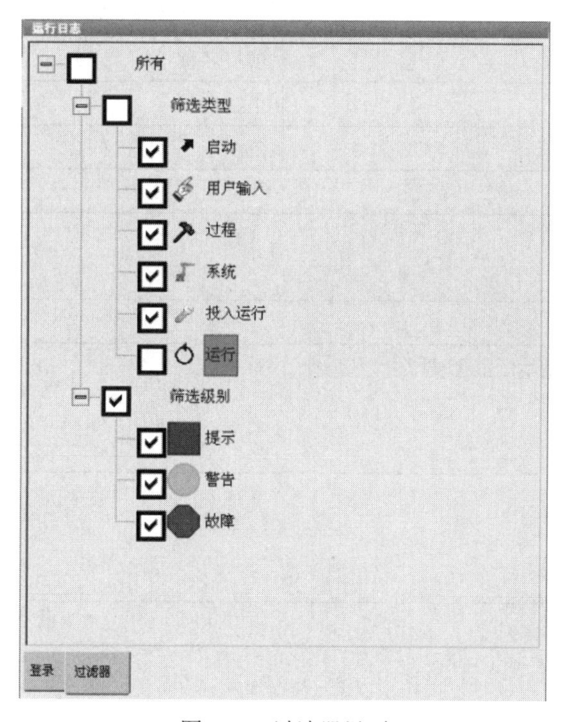

图 4.37 过滤器界面

（二）如何使用运行日志？

任何用户组都可以查看和配置日志功能。

（1）显示运行日志的方法：在主菜单中，选择“诊断”→“运行日志”→“显示”。

（2）配置运行日志的方法：

1）在主菜单中，选择“诊断”→“运行日志”→“配置”。

2）进行时设置，添加/删除筛选类型或者添加/删除筛选级别。

3）点击“OK”以保存配置，然后关闭该窗口。

任务四　项目测试

姓名		项目名称	
指导教师		小组人员	
时间		备注	
测试内容			
1.进行数据备份。 2.进行数据还原。			
测试解答			
1.为什么建议使用带读写指示灯的 U 盘？			
2.可以备份的数据有哪些？			
3.可以还原的数据有哪些？			

项目考核点	评分
备份数据	
恢复数据	
使用运行日志	
对备份和恢复的操作熟练度	
是否符合工业机器人操作规范	
解答题得分	
评分教师	

安全提示：请注意站在机器人工作范围以外进行示教操作，以防机器人突然动作误伤！

第五单元　基础运用编程

【单元重点】

- 了解关于工业机器人的基础运用编程。
- 讲解工业机器人联机表单逻辑指令的创建。
- 讲解如何应用循环结构编程。
- 讲解如何应用分支结构编程。
- 讲解如何应用顺序结构编程。

【学习目标】

- 掌握创建单切换功能（OUT）指令的方法。
- 掌握创建时间等待功能（WAIT TIME）指令的方法。
- 掌握创建信号等待功能（WAIT FOR）指令的方法。
- 掌握创建脉冲切换功能（PULSE）指令的方法。
- 能够创建含预进功能的程序。
- 掌握无限循环（LOOP）指令的使用。
- 掌握计数循环（FOR）指令的使用。
- 掌握当型和直到型循环的编程，能够合理的应用。
- 掌握 IF 分支编程的使用。
- 掌握 SWITCH-CASE 分支编程的使用。
- 了解程序结构编程方法，掌握程序结构化设计。
- 了解局部子程序的定义，能够编写调用局部子程序。
- 了解全局子程序的定义，能够编写调用全局子程序。

项目十五　联机表单逻辑指令创建

【项目分析】

该项目介绍了简单逻辑指令联机表单的创建和参数说明，能够让学生了解简单逻辑指令的创建和运用，掌握有无 CONT 指令的运动区别，为机器人逻辑编程奠定基础。

任务一　创建简单切换功能（OUT）

创建简单切换功能 OUT

【任务分析】

了解及掌握简单切换功能（OUT）指令。

（一）简单切换功能联机表格

简单切换功能可将数字信号传递给外部设备。简单切换功能联机表格参数设置如图 5.1 所示，参数说明见表 5.1。

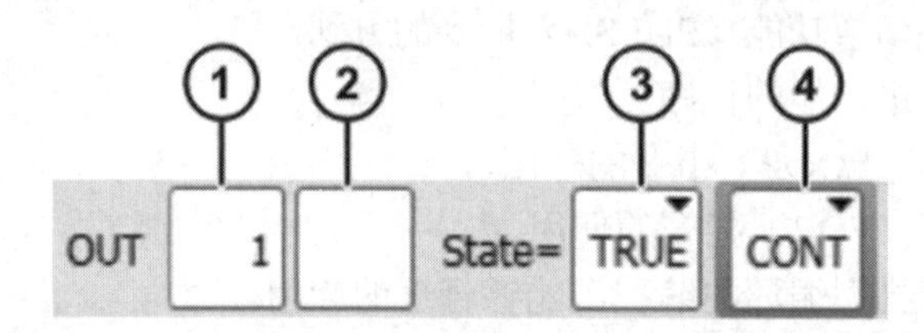

图 5.1　简单切换功能联机表格

表 5.1　参数说明

序号	说明
①	输出端编号为 1～4096
②	如果输出端已有名称则会显示出来。仅限于专家用户组使用的方法：通过点击长文本可输入名称，名称可以自由更改
③	输出端接通的状态：正确或错误
④	CONT：在预进中进行的编辑 空白：含预进停止的处理

（二）创建切换功能程序

（1）将光标放到其后应插入逻辑指令的一行中。

（2）选择菜单序列指令→逻辑→OUT。

（3）在联机表格中设置参数。

（4）用指令 OK 存储指令。

任务二　创建时间等待功能（WAIT TIME）

【任务分析】

了解并掌握时间等待功能（WAIT TIME）指令，学会合理运用时间等待。

（一）时间等待功能联机表格

用 WAIT 可以使机器人的运动按编程设定的时间暂停。WAIT 总是触发一次预进停止。时间等待功能联机表格参数设置如图 5.2 所示，参数说明见表 5.2。

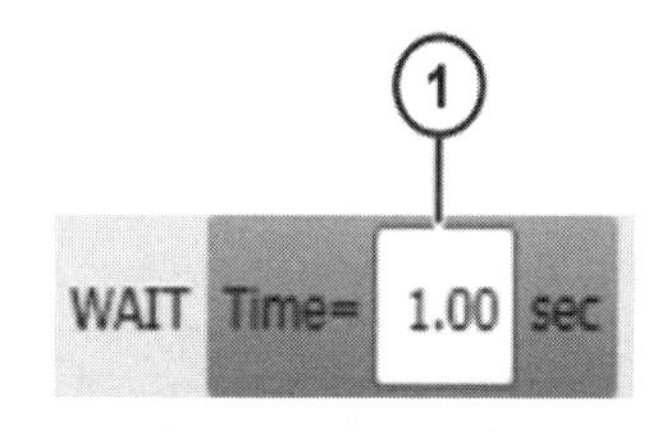

图 5.2　时间等待功能联机表格

表 5.2　参数说明

序号	说明
①	等待时间：≥0s

（二）创建时间等待功能程序

（1）将光标放到其后应插入逻辑指令的一行中。

（2）选择菜单序列指令→逻辑→WAIT。

（3）在联机表格中设置参数。

（4）用指令 OK 存储指令。

任务三　创建信号等待功能（WAIT FOR）

【任务分析】

了解并掌握信号等待指令（WAIT FOR），学会创建并运用信号等待指令。

（一）信号等待功能联机表格

WAIT FOR 设定一个与信号有关的等待功能，需要时可将多个信号（最多 12 个）按逻辑连接。如果添加了一个逻辑连接，则联机表格中会出现用于附加信号和其他逻辑连接的栏。信号等待功能联机表格参数设置如图 5.3 所示，参数说明见表 5.3。

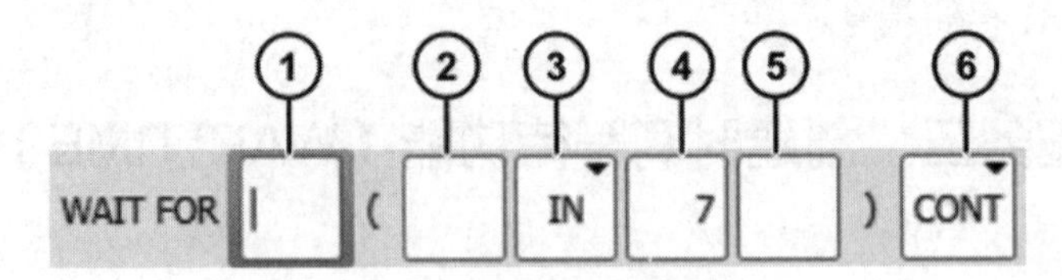

图 5.3　信号等待功能联机表格

表 5.3　参数说明

序号	说明
①	添加外部连接，运算符位于加括号的表达式之间 1）添加 AND、OR、EXOR 2）添加 NOT、空白
②	添加内部连接，运算符位于一个加括号的表达式内 1）添加 AND、OR、EXOR 2）添加 NOT、空白
③	等待的信号 1）IN：输入端信号 2）OUT：输出端信号 3）CYCFLAG：循环标志位 4）TIMER：定时器 5）FLAG：标志位
④	信号的编号为 1～4096
⑤	如果信号已有名称则会显示出来。仅限于专家用户组使用的方法：通过点击长文本可输入名称。名称可以自由更改
⑥	CONT：在预进过程中加工 空白：带预进停止的加工

（二）创建信号等待功能程序

（1）将光标放到其后应插入逻辑指令的一行中。

（2）选择菜单序列指令→逻辑→WAIT FOR。

（3）在联机表格中设置参数。

（4）用指令 OK 存储指令。

任务四　创建脉冲切换功能（PULSE）

创建脉冲切换功能 PULSE

【任务分析】

了解并掌握信号脉冲切换功能（PULSE），学会创建并运用脉冲切换指令。

（一）脉冲切换功能联机表格

与简单的切换功能一样，在此输出端的数值也变化。设定一个输出脉冲时，在定义的时间过去之后，信号又重新取消。脉冲切换功能联机表格参数设置如图 5.4 所示，参数说明见表 5.4。

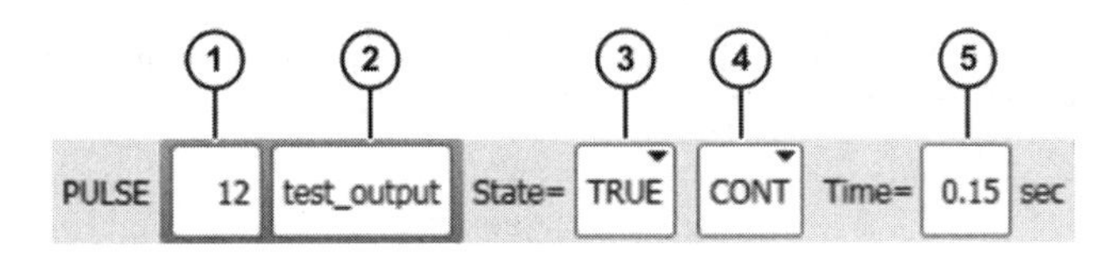

图 5.4　脉冲切换功能联机表格

表 5.4　参数说明

序号	说明
1	输出端编号，为 1～4096
2	如果输出端已有名称则会显示出来。仅限于专家用户组使用的方法：通过点击长文本可输入名称。名称可以自由更改
3	输出端接通的状态 1）TRUE：“高”电平 2）FALSE：“低”电平
4	CONT：在预进过程中加工 空白：带预进停止的加工
5	脉冲长度为 0.10～3.00 s

（二）创建脉冲切换功能程序

（1）将光标放到其后应插入逻辑指令的一行中。
（2）选择菜单序列指令→逻辑→OUT→PULSE。
（3）在联机表格中设置参数。
（4）用指令 OK 存储指令。

任务五　计算机的预读

计算机的预读讲解

计算机的预读演示

【任务分析】

学习计算机的预读概念，能够创建及应用含预进功能的程序。

（一）计算机预进

计算机预读：工业机器人执行程序时，系统指针会预先读入后续指令，来实现圆滑（转弯半径）、信号输出等效果。计算机预读后机器人执行的动作称为计算机预进。

计算机预进时预先读入（操作人员不可见）运动语句，以便控制系统能够在有轨迹逼近指令时进行轨迹预处理，但处理的不仅仅是预进运动数据，还有数学的和控制外围设备的指令。

```
Editor
1  DEF Depal_Box1( )
2
3  INI
4  PTP HOME  Vel= 100 % DEFAULT
5  PTP P1 Vel=100 % PDAT1 Tool[5]:GRP1 Base[10]:STAT1
6  PTP P2 Vel=100 % PDAT2 Tool[5]:GRP1 Base[10]:STAT1   ①
7  LIN P3 Vel=1 m/s CPDAT1 Tool[5]:GRP1 Base[10]:STAT1
8  OUT 26'' State=TRUE                                   ②
9  LIN P4 Vel=1 m/s CPDAT2 Tool[5]:GRP1 Base[10]:STAT1
10 PTP P5 Vel=100 % PDAT3 Tool[5]:GRP1 Base[10]:STAT1   ③
11 PTP HOME Vel=100 % PDAT4
12
13 END
```

图 5.5　计算机预进

其中：①主运行指针（灰色语句条）；②触发预进停止的指令语句；③可能的预进指针位置（不可见）。

某些指令将触发一个预进停止，其中包括影响外围设备的指令，如 OUT 指令。如果预进指针暂停，则不能进行轨迹逼近。

（二）创建含预进功能的程序

程序举例 1：

```
LIN P1 Vel=0.2 m/s CPDAT1
LIN P2 CONT Vel=0.2 m/s CPDAT2
LIN P3 CONT Vel=0.2 m/s CPDAT3
OUT 5′rob_ready′ State=TRUE
LIN P4 Vel=0.2 m/s CPDAT4
```

如果在 OUT 联机表单中去掉 CONT，则该指令会触发预进停止，TCP 在 OUT 指令前一条运动指令的目标点上精确停止，并在该处检测信号，等到信号满足要求后继续运动。如图 5.6 所示，此时机器人 TCP 准确停止在 P3 点，不进行轨迹逼近运动。

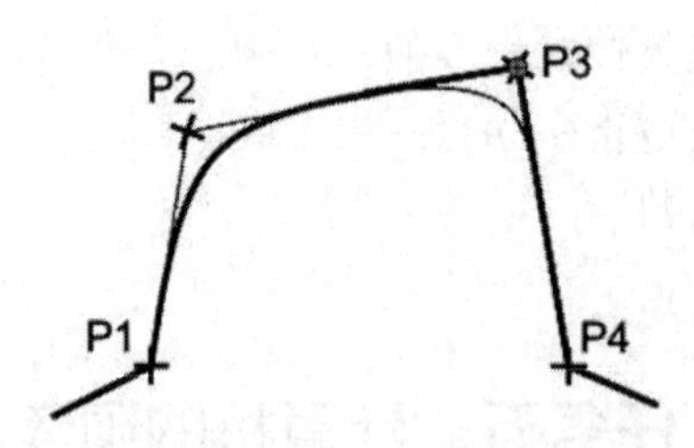

图 5.6　不带预进的逻辑运动示例

程序举例 2：

```
LIN P1 Vel=0.2 m/s CPDAT1
LIN P2 CONT Vel=0.2 m/s CPDAT2
LIN P3 CONT Vel=0.2 m/s CPDAT3
OUT 5′rob_ready′ State=TRUE CONT
LIN P4 Vel=0.2 m/s CPDAT4
```

如果在 OUT 联机表单中插入 CONT，则该指令不会触发预进停止，由于预进功能，机器人预读取 3 行指令，如果此时 OUT 5=TRUE，那么机器人 TCP 会逼近在 P3 点，进行轨迹逼近运动，如图 5.7 所示。

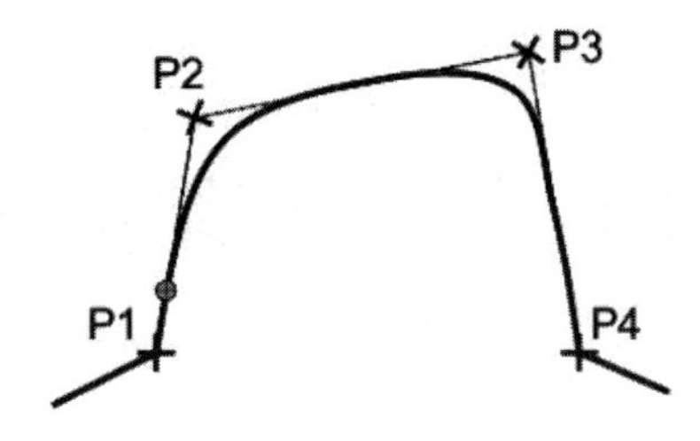

图 5.7　带预进的逻辑运动示例

任务六　项目测试

姓名		项目名称	
指导教师		小组人员	
时间		备注	
测试内容			
1.简单切换功能的使用。 2.时间等待功能的使用。 3.信号等待功能的使用。 4.脉冲切换功能的使用。 5.预进指令的运用。			
测试解答			
1.OUT 和 OUTCONT 指令之间有何区别？必须注意些什么？			
2.如何区分 PULSE 和 OUT 指令？			
3.同时使用 WAIT FOR 指令和 CONT 指令时会有哪些危险？			
项目考核点		评分	
创建简单切换功能联机表格			
创建信号等待功能联机表格			
创建脉冲切换功能联机表格			
是否符合工业机器人操作规范			
解答题得分			
评分教师			

安全提示：请注意站在机器人工作范围以外进行示教操作，以防机器人突然动作误伤！

项目十六　循环结构编程

【项目分析】

通过本项目的学习，使学生能够理解机器人的循环结构编程；能区别各类循环语句；能熟练的编写及运用各类循环语句。

任务一　无限循环

【任务分析】

学习无限循环概念，理解无限循环的程序流程图，掌握及运用 LOOP 指令。

（一）无限循环介绍

（1）无限循环是每次运行完之后都会重新运行的循环。
（2）运行过程可通过外部控制而终止。
（3）无限循环可直接用 EXIT 退出。
（4）用 EXIT 退出无限循环时必须注意避免碰撞。
（5）如果两个无限循环互相嵌套，则需要两个 EXIT 指令以退出两个循环。
（6）无限循环的流程图如图 5.8 所示。

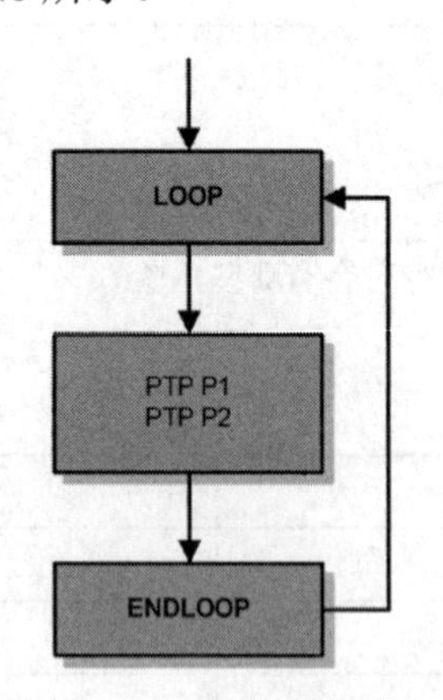

图 5.8　无限循环流程图

（二）无限循环编程

1. 无中断的无限循环

编程示例：

```
1 DEF MY_PROG（ ）
```

```
2 INI
3 PTP HOME Vel=100% DEFAULT
4 LOOP
5 PTP P1 Vel=90% PDAT1
6 PTP P2 Vel=100% PDAT2
7 ENDLOOP
8 PTP P3 Vel=30% PDAT3
9 PTP HOME Vel=100% DEFAULT
10 END
```

机器人将会在 P1 点和 P2 点间进行往复运动，而不执行至 P3 点。

2. 带中断的无限循环

编程示例：

```
1 DEF MY_PROG（ ）
2 INI
3 PTP HOME Vel=100% DEFAULT
4 LOOP
5 PTP P1 Vel=90% PDAT1
6 PTP P2 Vel=100% PDAT2
7 IF $IN[3]==TRUE THEN ；中断的操作
8 EXIT
9 ENDIF
10 PTP P3 Vel=50% PDAT3
11 PTP P4 Vel=100% PDAT4
12 ENDLOOP
13 PTP P5 Vel=30% PDAT5
14 PTP HOME Vel=100% DEFAULT
15 END
```

机器人将会在 P1 点到 P4 点间进行往复运动，如果$IN[3]为真，则跳出循环，执行 P5 点。

任务二 计数循环

计数循环编程

【任务分析】

学习计数循环编程，理解计数循环的程序流程图，掌握及运用 FOR 指令。

（一）计数循环介绍

（1）FOR 循环是一种可以通过规定重复次数执行一个或多个指令的控制结构。

（2）要进行计数循环则必须事先声明一个整数变量。

（3）该计数循环从值等于 start 时开始并最迟于值等于 last 时结束。

```
FOR counter=start TO last
；指令
ENDFOR
```

（4）该计数循环可借助 EXIT 立即退出。

（5）计数循环流程图如图 5.9 所示。

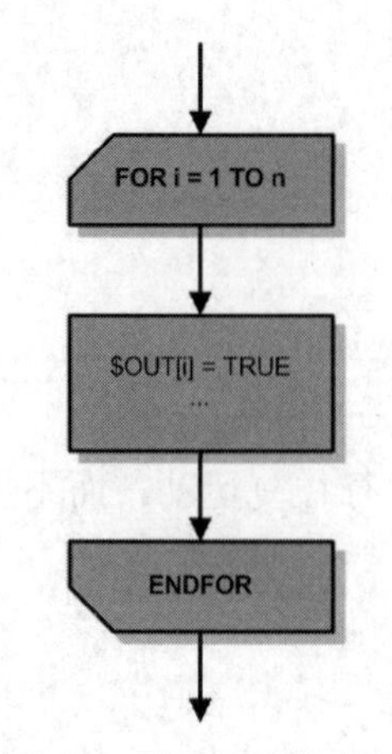

图 5.9　计数循环流程图

（二）计数循环编程

1. 计数循环进行递减计数

编程示例：

```
DECL INT counter
FOR counter=15 TO 1 Step -1
；指令
ENDFOR
```

循环的初始值或者起始值必须大于或等于终值，以便循环能够多次运行。此程序是指定步幅为-1 的减计数循环，当然步幅还可以指定其他整数值，如-3、-5 等。

2. 没有指定步幅的单层计数循环

编程示例：

```
DECL INT counter
FOR counter = 1 TO 50
$OUT[counter]==FALSE
ENDFOR
```

此程序没有借助 STEP 指定步幅时，默认会自动使用步幅+1。

3. 指定步幅的单层计数循环

编程示例：

```
DECL INT counter
FOR counter = 1 TO 4 STEP 2
$OUT[counter] == TRUE
ENDFOR
```

该循环只会运行两次。一次以起始数值 counter=1，另一次则以 counter=3。当计数值为 5 时，循环立即终止。

4. 指定步幅的双层计数循环

编程示例：

```
DECL INT counter1，counter2
```

```
FOR counter1 = 1 TO 21 STEP 2
FOR counter2 = 20 TO 2 STEP -2
...
ENDFOR
ENDFOR
```

此程序每次都会先运行内部循环（参考 counter1），然后运行外部循环（参考 counter2）。如 counter1=1 时，counter2 分别赋值 20,18,…,4,2；counter1=3 时，counter2 分别赋值 20,18,…,4,2；依次类推。

任务三　当型和直到型循环

【任务分析】

学习当型和直到型循环编程，理解当型和直到型循环的程序流程图，了解当型循环和直到型循环的区别，合理应用两种循环指令。

当型循环编程

（一）当型循环介绍

（1）当型循环也被称为前测试循环。

（2）这种循环会一直重复过程，直至满足某一条件（condition）为止。

（3）句法如下：

```
WHILE condition
;指令
ENDWHILE
```

（4）当型循环可通过 EXIT 指令立即退出。

（5）当型循环流程图如图 5.10 所示。

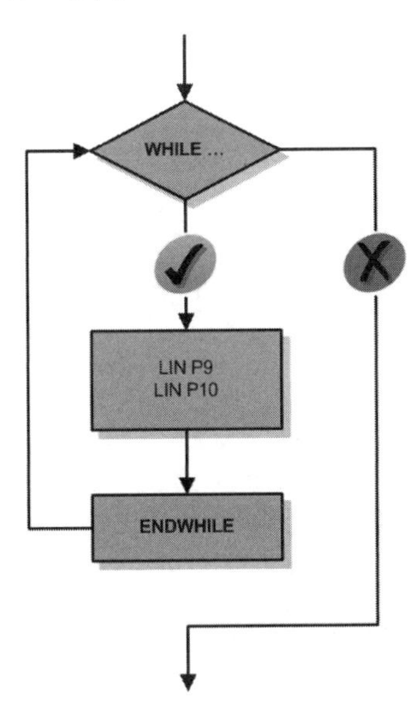

图 5.10　当型循环流程图

（二）直到型循环介绍

（1）直到型循环也称为后测试循环。

（2）这种直到型循环先执行指令，在结束时测试退出循环的条件是否已经满足。

（3）句法如下：

```
REPEAT
;指令
UNTIL condition
```

（4）直到型循环可通过 EXIT 指令立即退出。

（5）直到型循环流程图如图 5.11 所示。

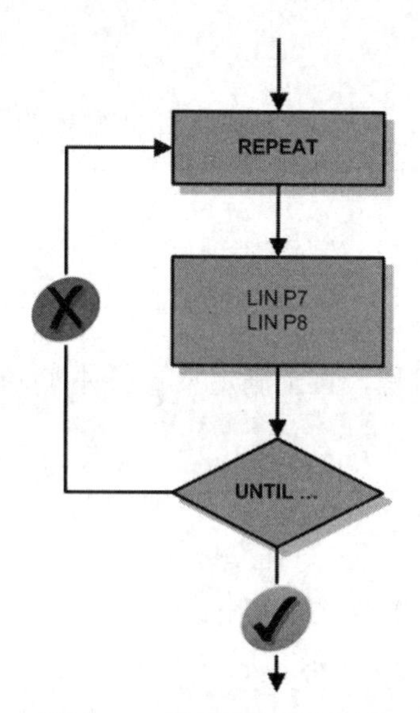

图 5.11　直到型循环流程图

（三）当型和直到型循环编程

1. 当型循环编程

（1）具有简单执行条件的当型循环。

```
...
WHILE IN[1]==TRUE
PICK_PART( )
ENDWHILE
...
```

表达式 WHILE IN[1]==TRUE 也可简化为 WHILE IN[1]。省略始终表示比较为真（TRUE）。

（2）具有简单否定型执行条件的当型循环。

```
...
WHILE NOT IN[2]==TRUE
```

```
ENDWHILE
...
```

或

```
...
WHILE IN[2]==FALSE
ENDWILE
...
```

（3）具有复合执行条件的当型循环。

```
...
WHILE((IN[3]==TRUE)AND (IN[4]==FALSE)OR(counter>20))
PALETTE( )
ENDWILE
...
```

2. 直到型循环编程

（1）具有简单执行条件的直到型循环。

```
...
REPEAT
PICK_PART( )
UNTIL IN[1]==TRUE
...
```

表达式 UNTIL IN[1]==TRUE 也可简化为 UNTIL IN[1]。省略始终表示比较为真（TRUE）。

（2）具有复合执行条件的直到型循环。

```
...
REPEAT
PALETTE( )
UNTIL((IN[2]==TRUE)AND (IN[3]==FALSE)OR(counter>20))
. . .
```

任务四　项目测试

姓名		项目名称	
指导教师		小组人员	
时间		备注	
测试内容			
1.无限循环的运用。 2.计数循环的运用。 3.当型循环的运用。 4.直到型循环的运用。			
测试解答			
1.通过哪个指令可以调整 FOR 循环的步幅？			
2.哪些循环可以通过指令 EXIT 退出？			
3.简述当型循环和直到型循环的区别。			

项目考核点	评分
创建无限循环程序	
创建计数循环程序	
创建当型循环程序	
创建直到型循环程序	
是否符合工业机器人操作规范	
解答题得分	
评分教师	

安全提示：请注意站在机器人工作范围以外进行示教操作，以防机器人突然动作误伤！

项目十七　分支结构编程

【项目分析】

通过本项目的学习，使学生能够理解机器人的分支结构编程；能根据需要正确地应用分支逻辑语句；能熟练地对机器人进行编程且合理运用 IF 语句及 SWITCH-CASE 语句。

任务一　IF 分支

IF 分支编程

【任务分析】

通过本任务的学习能够了解 IF 语句，可以编写并合理运用 IF 语句。

（一）IF 分支介绍

条件性分支（IF 语句）由一个条件和两个指令部分组成。如果满足条件，则可处理第一个指令；如果未满足条件，则执行第二个指令。

但是，对 IF 语句也有替代方案：

（1）第二个指令部分可以省去：无 ELSE 的 IF 语句。由此，当不满足条件时紧跟在分支后以便继续执行程序。

（2）多个 IF 语句可相互嵌套（多重分支）：问询被依次处理，直到有一个条件得到满足。

（二）IF 分支编程

IF 语句举例一：如果满足条件（输入端 30 必须为 TRUE），则机器人运动到点 P3，否则到点 P4。

```
IF $IN[30]==TRUE THEN
    PTP P3
ELSE
    PTP P4
ENDIF
```

IF 语句举例二：如果满足条件（变量 a 数值为 1 成立时），则机器人运动到点 P3，否则到点 P4。

```
IF a==1 THEN
    PTP P3
ELSE
    PTP P4
ENDIF
```

程序流程如图 5.12 所示。

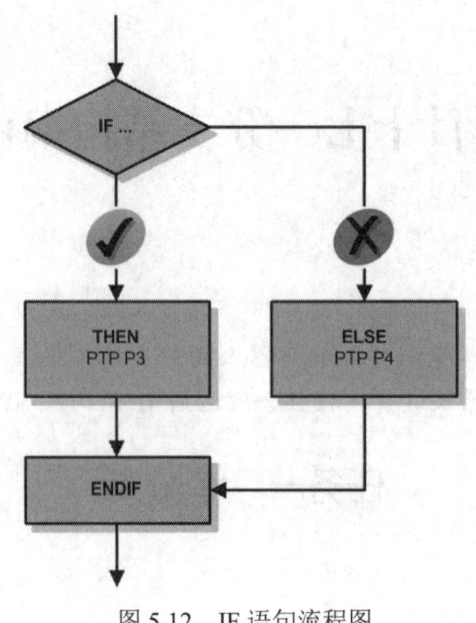

图 5.12　IF 语句流程图

任务二　SWITCH-CASE 分支

SWITCH-CASE
分支编程

【任务分析】

通过本任务的学习能够了解 SWITCH-CASE 语句，可以编写并合理运用 SWITCH-CASE 语句。

（一）SWITCH-CASE 分支介绍

一个 SWITCH 分支语句是一个分配器或多路分支。此处首先分析一个表达式，然后该表达式的值与一个案例段（CASE）的值进行比较，值一致时，执行相应案例的指令。

（二）SWITCH-CASE 分支编程

对带有名称“状态”的整数变量（Integer），首先要检查其值。如果变量的值为 1，则执行案例 1（CASE 1）：机器人运动到点 P5。如果变量的值为 2，则执行案例 2（CASE 2）：机器人运动到点 P6。如果变量的值未在任何案例中列出（在该例中为 1 和 2 以外的值），则将执行默认分支 DEFAULT：故障信息。

```
INT status
...
SWITCH status
    CASE 1
        PTP P5 CASE 2
        PTP P6
...
DEFAULT
ERROR_MSG
```

ENDSWITCH

程序流程如图 5.13 所示。

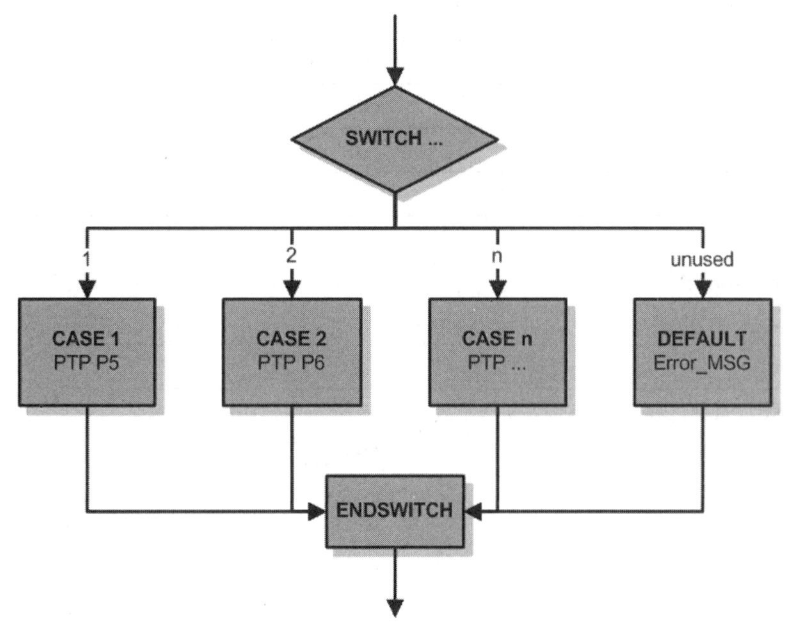

图 5.13　SWITCH-CASE 语句流程图

任务三　项目测试

<table>
<tr><td>姓名</td><td></td><td>项目名称</td><td></td></tr>
<tr><td>指导教师</td><td></td><td>小组人员</td><td></td></tr>
<tr><td>时间</td><td></td><td>备注</td><td></td></tr>
<tr><td colspan="4">测试内容</td></tr>
<tr><td colspan="4">1.使用 IF 语句编程。
2.使用 SWITCH-CASE 语句编程。
3.混合使用两种逻辑语句。</td></tr>
<tr><td colspan="4">测试解答</td></tr>
<tr><td colspan="4">1.IF 中有无 ELSE，有何区别？</td></tr>
<tr><td colspan="4">2.哪些条件可以使用 IF 语句？请述说三种或以上。</td></tr>
<tr><td colspan="4">3.请用自己的话述说 SWITCH-CASE 语句概念？</td></tr>
<tr><td colspan="2">项目考核点</td><td colspan="2">评分</td></tr>
<tr><td colspan="2">创建逻辑语句程序</td><td colspan="2"></td></tr>
<tr><td colspan="2">程序中使用 IF 语句</td><td colspan="2"></td></tr>
<tr><td colspan="2">程序中使用 SWITCH-CASE 语句</td><td colspan="2"></td></tr>
<tr><td colspan="2">程序无报错</td><td colspan="2"></td></tr>
<tr><td colspan="2">是否符合工业机器人操作规范</td><td colspan="2"></td></tr>
<tr><td colspan="2">解答题得分</td><td colspan="2"></td></tr>
<tr><td colspan="2">评分教师</td><td colspan="2"></td></tr>
</table>

安全提示：请注意站在机器人工作范围以外进行示教操作，以防机器人突然动作误伤！

项目十八　顺序结构编程

【项目分析】

通过本项目的学习，使学生能够理解机器人的顺序结构编程；能根据需要正确地使用程序结构编程方法；能熟练地编写并调用子程序；优化机器人程序结构。

任务一　程序结构编程方法

程序结构编程方法

【任务分析】

通过本任务的学习能够了解程序结构编程方法，认识并掌握机器人程序结构化设计，可以运用注释、缩进、Fold 隐藏等。

机器人程序结构化设计

机器人程序的结构是体现其使用价值的一个十分重要的因数，程序结构化越规范，程序就越易于理解，执行效果越好，越便于读取，越经济。为了使程序得到结构化设计，可以使用以下技巧。

1. 注释

注释可以对程序的内容和功能进行必要的说明，改善程序的可读性，同时也可以对程序各部分进行分段，利于程序的结构化。在 KRL 语言中，“;”用于程序的注释，控制器不会将注释理解为句法而进行处理。

2. 缩进

为了便于说明程序段之间的关系，对于多嵌套的程序，建议不同嵌套深度的指令采用不同的缩进量，增加程序的可读性。

3. 通过 Fold 隐藏程序行

KUKA 机器人编程语言可将程序行折叠和隐藏到 Fold 中，用户看不到这些程序行，但是程序依然会被执行。折叠和隐藏使程序的阅读变得更加简洁方便。以后可在专家用户组中打开和编辑 Fold，如图 5.14 与图 5.15 所示。

```
13
14
15  CHECK HOME
16
```

图 5.14　关闭的 Fold

```
14
15 CHECK HOME
16   $H_POS=XHOME
17   IF CHECK_HOME==TRUE THEN
18     P00 (#CHK_HOME,#PGNO_GET,DMY[],0 ) ;Test HPos
19   ENDIF
20
```

图 5.15 打开的 Fold

相关颜色说明见表 5.5。

表 5.5 颜色说明

颜色	说明
深红	关上的 Fold
浅红	打开的 Fold
深蓝	关上的子 Fold
浅蓝	打开的子 Fold
绿色	Fold 内容

任务二 局部子程序

局部子程序

【任务分析】

通过本任务的学习能够了解局部子程序的定义，编写并调用局部子程序。

（一）局部子程序介绍

局部子程序是集成在一个主程序中的程序，即指令包含在同一个 SRC 文件中，子程序的点坐标相应存放在同一个 DAT 文件中。

在 SRC 程序文件中，局部子程序位于主程序之后并以 DEF name()和 END 标明，一个 SRC 程序文件中最多可有 255 个局部子程序。

（二）局部子程序编程与调用

1. 局部子程序编程

步骤如下：

（1）使用专家用户组登录，使 DEF 行显示出来。

（2）在编辑器中，打开 SRC 文件。

（3）用光标跳到主程序的结束命令 END 下方。

（4）录入 DEF name()指定新的局部子程序头。

（5）按回车键使光标调到下一行，通过 END 命令结束新的子程序。

（6）同理，可建立多个子程序。

2. 局部子程序调用

（1）局部子程序允许在同一程序模块中被多次调用，调用时局部子程序名称需要使用括号。运行局部子程序后，程序指针跳回到调用该子程序后面的第一个指令继续执行。可以结束子程序，并由此跳回到调用该子程序后面的第一个指令继续执行。

（2）变量可以建立在程序模块的 DAT 数据文件中，这样该程序模块的 SRC 程序文件里主程序和所有的局部子程序都可以使用这些变量。

任务三　全局子程序

全局子程序

【任务分析】

通过本任务的学习能够了解全局子程序的定义，编写并调用全局子程序。

（一）全局子程序介绍

一个全局子程序是一个独立的机器人程序，可从另一个机器人程序调用，也可根据具体要求对程序进行分支，即某一程序可在某次应用中用作主程序，而在另一次应用中用作子程序。

（二）全局子程序编程与调用

为了对子程序调用进行编程，必须已选择用户组“专家”。子程序调用的句法为：

name()

（1）在主菜单中选择配置→用户组。将显示出当前用户组。

（2）若欲切换至其他用户组，则点击“登录”，选定用户组专家。

（3）输入密码 kuka，然后用“登录”确认。

（4）将所需的主程序载入编辑器，如图 5.16 所示。

```
INI
PTP HOME Vel= 100% DEFAULT
PTP HOME Vel= 100% DEFAULT
```

图 5.16　主程序载入

（5）将光标定位在所需的行内。

（6）输入子程序名称和括号，如 name()，如图 5.17 所示。

用关闭图标关闭编辑器并保存修改。

```
INI
PTP HOME Vel= 100% DEFAULT
name ( )
PTP HOME Vel= 100% DEFAULT
```

图 5.17　调用子程序

任务四　项目测试

姓名		项目名称	
指导教师		小组人员	
时间		备注	
测试内容			
1.程序注释的运用。 2.Fold 隐藏程序行的运用。 3.编写并调用局部子程序。 4.编写并调用全局子程序。			
测试解答			
1.以自己的理解述说 Fold 隐藏程序有什么作用？			
2.子程序的局部与全局的区别？			
3.Fold 各颜色代表什么？			

项目考核点	评分
程序中使用隐藏	
成功编写并调用局部子程序	
成功编写并调用全局子程序	
程序无报错	
是否符合工业机器人操作规范	
解答题得分	
评分教师	

安全提示：请注意站在机器人工作范围以外进行示教操作，以防机器人突然动作误伤！